自适应约束满足问题
求解方法的研究

王海燕 赵 剑 史丽娟 著

科学出版社

北 京

内 容 简 介

约束求解是人工智能领域最热门的方向之一，是约束程序的核心。自适应约束求解方法是研究热点并引领约束求解的发展方向。本书详述在约束求解的分支策略选择、变量选择、值选择以及约束传播等相关环节应用自适应理念的方法，重点介绍自适应对求解效率的影响。各章主要研究实现自适应约束求解的技术和方法，包括：比较分析典型分支策略，突出自适应分支策略的优势；比较分析典型变量排序启发式，实现自适应变量选择约束求解方法；结合自适应值选择与自适应分支，实现自适应值选择约束求解方法；设计并实现自适应约束传播约束求解方法。

本书可作为计算机科学与技术、智能处理、信息技术等相关专业的硕士、博士研究生和计算机科技工作者的教材或参考书。

图书在版编目(CIP)数据

自适应约束满足问题求解方法的研究/王海燕，赵剑，史丽娟著. —北京：科学出版社，2021.3

ISBN 978-7-03-067413-5

Ⅰ.①自… Ⅱ.①王… ②赵… ③史… Ⅲ.①自适应控制 Ⅳ.①TP273

中国版本图书馆 CIP 数据核字（2020）第 254910 号

责任编辑：王会明 / 责任校对：赵丽杰
责任印制：吕春珉 / 封面设计：耕 者

科 学 出 版 社 出版

北京东黄城根北街 16 号
邮政编码：100717
http://www.sciencep.com

三河市骏杰印刷有限公司印刷

科学出版社发行 各地新华书店经销

*

2021 年 3 月第 一 版　　　　开本：B5（720×1000）
2021 年 3 月第一次印刷　　　　印张：8 1/4
字数：166 000

定价：75.00 元

（如有印装质量问题，我社负责调换〈骏杰〉）
销售部电话 010-62136230　编辑部电话 010-62135397-2008

前　言

约束是一个无处不在的概念，主要表现为一些限制自由决定的条件。从理论上的直角三角形的勾股定理、数学方程组到实际应用上的车辆行驶规则，约束常见的实例比比皆是。

约束程序（constraint programming，CP）是人工智能领域近年来快速发展的一个重要方向，是配置、调度等多个应用领域求解困难组合问题的一项重要技术。伴随"大数据时代"的悄然而至，约束程序迎来了新的机会。近几年，Web 上的信息量以每 12 个月加倍的速度增长，而现在达到加倍增长的周期更短。这种数据方面指数级增长，常被认为是大数据的挑战，也正是这种增长，提供给人们更多机会。约束程序为解决"大数据"难题提供了合理的技术支持，而且，现代社会特殊且重要领域提出的有关"大数据"的挑战，均需要在约束程序能力上有特殊的提高。

随着经济全球化步伐的加快，CP 的理论研究与实际应用出现了一个又一个新高潮。主要原因在于其先天具有的浓厚产业背景和重大商业价值，以及工农业生产、通信、制造、运输、航空等行业中的生产调度、产品配置和人力资源管理等实际问题对约束程序技术的迫切需求。约束程序已成为人工智能领域主题会议和权威期刊的中心议题，约束程序研究的繁荣是人们对早期人工智能研究与应用前景质疑的有力回应。

约束求解是约束程序的研究核心，它的发展推动着约束程序的发展并为业界提供了许多机遇和挑战。在约束满足问题（constraint satisfaction problem，CSP）求解的诸多方法中，探索求解方法"智能性"的"自适应约束求解方法"已经成为研究主流。近几年，在约束程序领域的标志性主题国际会议以及其多个专题研讨会中"自适应约束求解"越来越成为讨论的重头戏。越来越多的研究者注意到"智能性"的意义，进而逐步将"自适应"推向研究热点。

作者在自适应约束求解方法上积累了多年的成果与经验，并结合国内外约束求解方面的相关成果撰写了本书，以供相关科研人员参考，希望起到抛砖引玉的作用。

本书从提高约束求解效率这个关键点出发，在概述 CSP 的基本概念及约束求解过程之后，详述了在约束求解的各环节应用自适应理念的方法以及一些辅助改进技术，这些环节包括分支策略的选择、变量选择、值选择以及约束传播，重点介绍了自适应对求解效率的提高程度。本书主要围绕实现自适应约束求解的各种技术和方法展开研究，具体研究内容包括以下五个方面。

（1）自适应分支选择约束求解方法

比较并分析了典型分支策略，突出强调自适应分支策略的优势，从辅助顾问和值排序两个角度改进自适应分支策略，提出 AdaptBranch^{LVO} 自适应分支求解算法，进而推出自适应分支选择约束求解方法。

（2）自适应变量选择约束求解方法

通过对典型变量排序启发式（variable ordering heuristic，VOH）的分析比较，实现自适应变量选择约束求解方法，学习并运用来自搜索树各个结点的信息实现自适应 VOH，通过典型 VOH 的比较，提出广义上的自适应变量选择约束求解思想。

（3）自适应值选择约束求解方法

借助自适应值排序启发式（value ordering heuristic，V-O-H），将自适应值选择与自适应分支结合，设计算法 AdaptBranch^{surv}，进一步研究自适应值选择约束求解方法。

（4）自适应约束传播约束求解方法

设计并实现自适应约束传播约束求解方法，包括基于比特位操作的自适应约束传播和基于 AC（弱约束传播方法）与 LmaxRPC（强约束传播方法）的自适应约束传播这两种约束传播方法之间的自适应，以及多种约束传播方法之间学习型的自适应，提出算法 AC_MaxRPC_Bitwise 和 ADAPT$^{AC\text{-}LmaxRPC}$。

（5）其他辅助技术

介绍自适应求解预处理阶段的聚类分析理论及实践改进，包括局部概率引导的优化算法以及聚类算法中对 K 选取的优化。

本书在叙述上力求通俗易懂、深入浅出。本书研究的自适应约束求解方法在不同程度上提升了求解效率，研究成果有助于从各个环节和层面提升自适应约束求解能力，实现约束求解的智能化。

参与本书撰写和实验的人员还有赵剑、史丽娟、郭劲松、杨明明、张良、崔文超等，在此对他们深表感谢。

由于作者水平有限，书中不当之处在所难免，敬请广大读者批评指正。

王海燕

2020 年 3 月

目　　录

第1章　概述 ……………………………………………………………………… 1

1.1　引言 ………………………………………………………………………… 1

1.2　研究背景与研究现状 …………………………………………………………… 2

1.3　当前存在的主要问题 …………………………………………………………… 4

1.4　本书工作及组织结构 …………………………………………………………… 5

本章小结 ………………………………………………………………………… 8

第2章　约束满足问题相关背景知识 ……………………………………………… 9

2.1　约束满足问题 ………………………………………………………………… 9

2.2　约束求解 ……………………………………………………………………… 11

2.2.1　约束求解方法 …………………………………………………………… 11

2.2.2　约束求解过程 …………………………………………………………… 12

2.2.3　自适应约束求解 ………………………………………………………… 13

2.3　约束传播 ……………………………………………………………………… 15

2.3.1　引言 …………………………………………………………………… 15

2.3.2　相容性技术 …………………………………………………………… 16

2.4　标准测试用例 ………………………………………………………………… 21

2.4.1　现实世界实例 …………………………………………………………… 21

2.4.2　模式化实例 …………………………………………………………… 22

2.4.3　学术实例 ……………………………………………………………… 22

2.4.4　半随机化实例 …………………………………………………………… 23

2.4.5　随机实例 ……………………………………………………………… 24

本章小结 ………………………………………………………………………… 25

第3章　自适应分支选择 …………………………………………………………… 26

3.1　引言 ………………………………………………………………………… 26

3.2　分支策略及其比较 …………………………………………………………… 26

3.2.1　分支策略 ……………………………………………………………… 26

3.2.2　分支策略性能对比 ……………………………………………………… 28

3.3　自适应分支策略 ……………………………………………………………… 29

3.3.1　完全 2-way 分支策略和受限 2-way 分支策略间的自适应 ………………… 29

3.3.2　实验评测 ……………………………………………………………… 31

3.4　自适应分支策略的改进 ……………………………………………………… 33

3.4.1　辅助顾问启发式的改进 ………………………………………………… 33

　　　　3.4.2　AdaptBranch^LVO 自适应分支求解算法 ················· 42

　　本章小结 ··· 49

第 4 章　自适应变量选择 ··· 51

　4.1　典型变量排序启发式 ··· 51

　　　4.1.1　静态变量排序启发式 ····································· 51

　　　4.1.2　动态变量排序启发式 ····································· 52

　4.2　自适应变量选择实现 ··· 53

　　本章小结 ··· 57

第 5 章　自适应值选择 ··· 58

　5.1　引言 ··· 58

　5.2　典型的值排序启发式 ··· 59

　5.3　自适应值选择实现 ··· 60

　　　5.3.1　典型自适应值排序启发式 ································· 60

　　　5.3.2　自适应值选择与自适应分支的结合 ······················· 62

　　本章小结 ··· 73

第 6 章　自适应约束传播 ··· 74

　6.1　引言 ··· 74

　6.2　两种约束传播方法之间的自适应传播 ······················· 75

　　　6.2.1　自适应约束传播启发式 ··································· 75

　　　6.2.2　基于比特位操作的自适应约束传播 ······················· 77

　　　6.2.3　基于 AC 与 LmaxRPC 的自适应约束传播 ················· 84

　6.3　多种约束传播方法学习型自适应 ··························· 91

　　本章小结 ··· 93

第 7 章　聚类分析理论及实践改进 ··································· 94

　7.1　聚类分析理论 ··· 94

　　　7.1.1　聚类分析的定义 ··· 94

　　　7.1.2　聚类分析的算法分类 ····································· 94

　　　7.1.3　聚类分析的过程 ··· 95

　7.2　聚类分析实践改进 ··· 96

　　　7.2.1　局部概率引导的优化 K-means++算法 ··················· 96

　　　7.2.2　Canopy 在划分聚类算法中对 K 选取的优化 ··············· 105

　　本章小结 ··· 113

第 8 章　结论与展望 ··· 114

　8.1　结论 ··· 114

　8.2　展望 ··· 115

参考文献 ·· 117

第1章 概　　述

1.1 引　　言

　　法国著名计算机学家 Christophe Lecoutre 教授在 *Constraint Networks* 一书中曾定位约束：A constraint limits the field of possibilities in a certain universe[1]。从专业角度讲，限定在多个变量间的逻辑关系就是约束。这些变量都有特定的论域，并在其范围内取值。例如，$X>Y-5$，变量 X 和变量 Y 被限定在赋值必须满足"X 要比 $Y-5$ 大"的逻辑关系之下，由此，形成了一个约束。约束的状态取决于其包含变量的分配值，比如在约束 $X>Y-5$ 中，为变量 X 分配值 2，变量 Y 分配值 6时，状态为真；为变量 X 分配值 2，变量 Y 分配值 7 时，状态为假。相应地，约束在计算机科学中的出现也发生在很早以前，建模、表示以及推理都与约束密不可分[2]。

　　最早对 CP 的研究可以追溯到 20 世纪 80 年代末，以 Mackworth 和 Freuder 的开创性论文拉开了帷幕[3]。1996 年，著名研究机构美国计算机学会确立了 CP 在计算机科学中的研究地位。之后，随着经济全球化步伐的加快，CP 的理论研究与实际应用出现了一个又一个新高潮[4]。直到 2006 年，一本名为 *Handbook of Constraint Programming* 的书[2]问世，这本书集合了多位约束研究领域专家的思想，全面概括了约束程序的发展过程，并对相关研究问题进行了展望。近年来，在计算机科学领域具有举足轻重作用的国际会议 AAAI（American Association for Artificial Intelligence，美国人工智能协会）、IJCAI（International Joint Conference on Artificial Intelligence，国际人工智能联合会议）、KR（International Conference on the Principles of Knowledge Representation and Reasoning，知识表示与推理原理国际会议）、ECAI（European Conference on Artificial Intelligence，欧洲人工智能会议）等不断引入约束程序为关键性研究内容[5]，著名的 AI 期刊上也经常有相关的论文发表，越发显现出这一研究方向在计算机科学中的重要地位。

　　约束满足问题（constraint satisfaction problem，CSP）的求解是约束程序的研究核心，它的发展推动着约束程序的发展。最新研究显示，CSP 的求解在解决地理[6]、生物[7,8]等学科的应用问题上已经掀起新的高潮。近几年，在约束程序领域的标志性主题国际会议"International Conference on Principles and Practice of Constraint Programming，CP"以及其多个专题研讨会中"自适应约束求解"越来越成为会上讨论的重头戏。在 CP 2017 上，有六篇文章以"Machine Learning and CP

Track"为核心，在 CP 2018 中，在将自动化提高子问题转化成表约束模型的性能的方法以及自动化产生和选择流线型约束推理的方法上做出重要贡献，而且，AAAI、IJCAI、KR、ECAI 等权威国际会议纷纷将自适应约束求解作为重要的研究议题。

随着自适应约束求解脚步的加快，另一种人工智能途径——机器学习（machine learning）[9]也掀起轩然大波，从符号学习到统计学习和符号学习的结合，接着融入大数据，再到如今的深度学习，扎实地记录了机器学习的成长足迹。值得一提的是，机器学习中的技术、方法对大数据收集到的数据的分析和预测恰好为约束求解的自适应提供了强有力的手段，成为自适应约束求解的有力支持。

此外，约束这个普遍存在的概念已经深刻影响到生产和生活的各个领域。由于其先天具有浓厚的产业背景和重大的商业价值，其理论研究的实际成果转化最为成功。本书中 CSP 自适应求解策略的研究对约束程序理论向大规模实际成果转化起到举足轻重的推动作用。

1.2　研究背景与研究现状

当前，约束程序研究的中心在欧洲，多个国家的实验室相继建立了与约束程序相关的研究组，法国的约束程序研究可以称得上是最广泛的，美国、加拿大和澳大利亚等也是研究的热点地区。其中，著名的研究机构 Insight Centre 就坐落在爱尔兰的科克大学，这所大学的 4C 研究中心一直是欧洲乃至世界范围的约束研究基地。中心的前任负责人 Freuder 教授是国际上约束程序研究的开创者之一，现任负责人 O'Sullivan 教授曾在 2011 年 AAAI 会议上的特邀报告 "Opportunities and Challenges for Constraint Programming" 中指出自适应约束求解方法在约束程序里研究的重要性，并在 2014 年 *Constraints* 杂志名为 "Grand challenges for constraint programming" 的文章中提到：自适应约束求解被预言为最有前景的方向之一。法国 INRA 研究所的 Schiex 教授是软约束研究的权威专家；法国蒙彼利埃第二大学 LIRMM 实验室的 Bessière 教授对相容性技术与求解方法的研究最为突出。另外，意大利帕多瓦大学的 Rossi 教授带领的研究组在"软约束"的推理及求解方面颇具特色；英国伦敦大学的 Cohen 教授等在 CSP 可解性和复杂度方面的研究处于领先地位；加拿大滑铁卢大学的 Beek 教授等在回溯搜索研究中颇有造诣；美国加利福尼亚大学的 Dechter 教授等在约束处理与约束图分割方面的研究处于领先地位；澳大利亚新南威尔士大学的 Walsh 教授等在约束推理与可满足性问题研究上造诣匪浅；IBM Ilog 公司的专家 Junker 研究员与 Cork 大学的 O'Sullivan 教授在约束的解释研究上处于领先地位。国内研究工作主要集中在约束求解技术与可满足问题模型生成方面，代表性研究工作有中国科技大学王煦法教授领导的研究组对于分布式 CSP 的研究[10]、中国科学院软件研究所张健教授对于混合 CSP 求解方法的研究[11, 12]，以及北京航空航天大学许可与李未教授对问题模型生成算法方面的集中研究[13-15]。这些权威研究者采用改进相容性算法、提高相容性级别等多种方法提高了约束求解的效率。

约束程序研究的核心问题是约束求解方法的研究。寻求 CSP 问题的一个解或是最优解往往需要在指数级的解空间上进行搜索。最初，处理问题的方法主要是手工法或运筹学中的传统方法，但建模过程尤其复杂，特别是还可能会得到不合理的解[16]。渐渐地，研究者发现针对一些实际应用 CSP 的求解（尤其是具有某些特殊结构的问题），如果在设计算法时借助实际应用领域的特有知识，会在效率上有更大的提高[17]。但其缺点也很明显：实现的代价相当可观，算法的普适性很差。所以，许多研究者致力于 CSP 通用求解系统的设计。为了实现求解系统的“通用”，一方面，寻求求解技术不断更新；另一方面探索求解方法的“智能性”。

传统的求解技术总体上可以分成两类：搜索（search）和推理（inference）[2]。前者的主要方法是回溯算法，后者的主要方法是变量消元、树分解和相容性技术。单纯的回溯算法求解能力有限，不能保证算法在多项式时间内结束，因此效率提升空间不大，所以作为约束推理技术代表的相容性技术配合回溯搜索在加速求解效率和压缩求解空间上发挥着巨大作用[18-20]。这种将回溯搜索与约束传播结合过滤不相容值的机制再配合上有效的启发式来引导搜索的方法一直是当前研究的主流。

随着约束求解方法的发展，研究者发现单纯的相容性技术不能完美地提高求解效率，原因是不同问题的结构化信息各不相同，而且，同一问题在不同时刻体现出的状态也不相同。进一步提高约束求解效率，应该从适应不同问题的结构化信息或适应同一问题的不同状态入手。因此，“自适应”概念渐受关注。概括地说，自适应约束求解即为自适应地搜索问题解的策略。自适应搜索策略则是利用自身搜索过程中得出的经验值去指导后续行为动作的策略，或者说，它是一种依据问题实例的当前状态和前序状态来做决定的策略。自适应搜索策略开展的依据是那些已经拓展出的子树信息[21]。早在 1996 年，Borrett 等就针对自适应约束满足发表了独到的见解，提出了松弛借助单个算法搜索的方法[22]；此后又给出一种减少例外现象影响的自适应理念，并提出基于链锁作用（chaining）原则的自适应算法[23]；2002 年，Epstein 等[24]设计了一个自动利用编程专业知识和领域专业知识并从中学习到经验的自适应约束引擎（adaptive constraint engine，ACE），为约束程序设计提供了有力支持。自适应以其环境开放性、变化敏感性、系统动态性的特点牵动着研究者的思路。越来越多的研究者开始考虑从问题的结构化信息入手，提出具有更强适应性的自适应约束求解方法，从根本上提高算法的效率和“智能性”。这些研究包括为更好地应对结构化问题而设计的各种启发式策略，如 2004年，Boussemart 等[25]提出两个基于 conflict-driven 的 VOH 策略；2007 年，Grimes和 Wallace[26]提出面向加权约束的基于变量值删除的启发式策略；同年，Mehta 和 van Dongen[27]提出可能性弧相容的概念。此外，还包括在现有约束传播方法的基础上进行整合改进，对动态选择约束传播方法的研究[28-30]，典型的如 2008 年，

Stergiou[31]提出的动态自适应约束传播的研究；还包括自适应分支选择的研究[32]以及"学习型"自适应约束传播的研究，如 2009 年，Stamatatos 和 Stergiou[33]通过预处理阶段收集信息建立面向约束传播启发式策略，实现自适应约束传播。对自适应约束求解具有很强推动作用的事件是 2007 年 Hamadi 等[34, 35]在美国罗得岛州的首府普罗维登斯组织了关于自治搜索的第一次研讨会，目的是提出为约束程序群体建立更智能求解器的相关工作，并试着从先前描述的相关工作中对自治搜索做更概念性的描述。2012 年，Hamadi 等[36]又著以自治搜索（autonomous search）为主题的书，在约束现有技术的基础上，将自治搜索的相关研究推向了高潮，对最近在优化和 CSP 的自治工具改善上提供了一个更清晰的综述。此书仍然聚焦于约束问题求解上，研究内容包括从元启发式到基于树搜索的不同求解技术，其中包括自动化参数设置、混合搜索启发式、特征预处理、自动化算子选择和自主分支等，书中仍然聚焦于约束问题求解上，阐明这些求解技术是怎样受益于借助改善效率和求解问题适应性的智能工具去求解问题的。此外，在参数配置方面，Hutter 等[37]为性能优化参数配置问题描述了一个自动化框架，为优化目标算法成绩提供了方法。2011—2013 年的 CP 会议中，有关自适应约束求解的主题内容主要涉及自适应变量排序[38]、自适应并行搜索[39]、自适应参数相容[40]等方面。不断推出约束程序新技术的 CPAIOR 会议，在 2013 年也发表了权威专家 Toby Walsh 就自适应约束求解模型提出的独到见解。在 2013 年的著名国际研讨会——学习和智能优化（learning and intelligent optimization conference，LION）上，Youssef Hamadi 特别被邀请就自动化并行 SAT 求解一题做重要报告。在美国佛罗里达州的 LION 2014 上，也将自适应策略和机器学习作为主题研究内容，越发显现出此研究方向在计算机科学中的重要地位。2014 年，Woodward 等[41]对非二元 CSP 的自适应参数化相容做细致研究，并于 2015 年在约束传播自动化[42]和约束获取[43]技巧上有了新的突破。在 CP 2017[44-46]中，众多研究者以"Machine Learning and CP Track"为核心将机器学习和 CP 求解结合到一起，相关的研究成果[47-49]将 CP 与机器学习的融合研究推向高潮。CP 2018 中提高子问题转化成表约束模型性能的自动化方法[50]以及自动化产生和选择流线型约束推理的方法[51]再次凸显了 CP 与机器学习的融合研究的重要性。这些研究无疑给了研究者足够的信心，为自适应约束求解方法的系统化及智能化奠定了坚实的基础。面临大数据时代对约束程序能力的特殊要求，在处理大量快速变化数据方面恰恰需要凭借"自适应"这个关键工具。令人欣喜的是，在自适应约束求解方法上还有很大的发展空间，更重要的是，自适应约束求解方法整装待发，迎接应用领域的到来。

1.3　当前存在的主要问题

正是由于单纯的回溯算法在求解能力上的局限，很难在效率上有大幅度提升，因此，自适应约束求解的根本目的是提高回溯搜索的实际效率。在已有研究中，存在着一些针对问题求解的自适应方法，它们是基于计算智能的方法和技术，包括遗传算法、蚁群优化算法和群体智能算法等。另外，针对局部搜索，也存在着一些自适应启发式求解方法，如禁忌搜索策略和模拟退火法等。虽然这些技术具有非常高的价值，但是这些技术仅适合那些特定的问题类，如调度问题和时间表问题，不能很好地表示及求解现实世界中的各种一般性问题。因此，这些适用性有局限的方法都不能作为解决 CSPs 的一般意义的"健壮"方法。而且，这些方法是不完备的，即它们不能保证在问题存在解的情况下一定能找到解，甚至有可能得出不可解的结论。

此外，从另一个角度来说，一般意义的约束程序求解器都是基于回溯搜索的，并且这些求解器可以有效求解人工智能以及计算机科学其他领域中的广泛问题。但是在如 Ilog[52]、Schulte[53] 和 Laburthe[54] 等主流约束程序求解器的搜索机制中都不包括自适应部分，如果说包括，那么其中的适应性概念也仅限于某些 VOH（如 dom/wdeg 和 impacts 等）的使用[21]。自适应搜索策略是提高回溯搜索效率的有力手段，融入这部分策略必定会成为进一步提高效率的良好切入口。

1.4　本书工作及组织结构

本书以 CSP 求解的相关理论、方法和技术为基础，针对目前约束求解方法的不足，以研究自适应约束求解策略为主要目标，重点从可以实现自适应约束求解的各个环节入手，实现提高约束求解效率的目的。

本书主要以约束求解过程中实现自适应的四个环节为主线展开研究分析，即分支策略的选择、变量选择、值选择和约束传播。基于这些环节的理论和实践基础，提出一系列自适应约束求解算法，将这些算法应用于典型的 Benchmarks 问题，并借助实验评测算法的效率。本书共 8 章，第 1 章概述 CSP 的研究背景和现状以及目前待解决的问题；第 2 章介绍 CSP 的相关背景知识和符号定义；第 3 章基于传统分支理念，讨论怎样从自适应分支选择的角度设计约束求解算法并制订相应解决方案；第 4 章介绍在已有 VOH 的前提下研究自适应变量选择的意义及方法，为未来工作做铺垫；第 5 章介绍典型 V-O-H，着重阐述自适应值选择与自适应分支结合的约束求解策略，并评测新思想下自适应约束求解算法的优势；第 6 章详述自适应约束传播算法，该算法有效改善了约束求解的效率，尤其是 AC_MaxRPC_Bitwise 算法和 ADAPT$^{AC-LmaxRPC}$ 算法。前者借助比特位操作更新约束求解的思路，从数据结构入手提升算法性能；后者从局部相容方法入手，带来求解效率的另一突破；第 7 章从其他辅助提升效率的方法出发，介绍自适应求解预处理阶段的聚类分析理论及实践，包括局部概率引导的优化算法和聚类算法中对 K 选取的预判优化；第 8 章基于第 3～7 章的理论与技术实现，对全书工作进行总结与展望。本书在论述过程中，以"自适应"为核心，在研究 CSP 本身的同时，重点讨论实现自适应约束求解方法的各种途径（详见第 3～7 章），并利用现有知识技术更新理念，从根本上实现自适应约束求解，最关键的是，本书提出的各种自适应约束求解方法还可以结合使用，为未来工作开辟更大的研究空间。本书组织结构如图 1.1 所示。

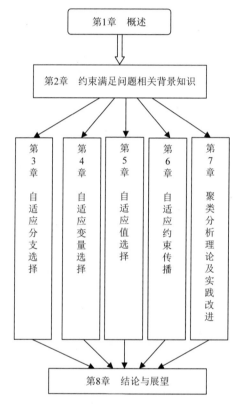

图 1.1　本书组织结构

除第 1 章概述外，其余各章节（第 2～8 章）的具体内容如下。

■ 第 2 章　约束满足问题相关背景知识

本章介绍与 CSP 相关的背景知识以及概念和形式化定义。首先，详述了约束求解过程及方法，引出自适应约束求解的切入点。其次，着重介绍了约束传播的相关概念及本书用到的局部相容性技术，并描述了对应的相容性算法，指出各局部相容性技术的强弱程度。最后，给出了算法评测时需要用到的测试平台——标准测试库 Benchmarks 中的各类实例。

■ 第 3 章　自适应分支选择

本章重点讨论从分支选择环节实现自适应约束求解的方法，并突出强调此类方法对约束求解效率的提升作用。首先介绍了现有标准分支策略，并针对同类实例对分支策略的性能做出对比，重在强调自适应分支策略的优势。以一种完全 2-way 分支策略和受限 2-way 分支策略之间的自适应分支策略为依托，给出两种改进的自适应分支策略，一是改进的辅助顾问启发式策略，二是一种新的自适应分支求解算法 AdaptBranch^{LVO}。前者在细致分析主 VOH 和辅助顾问之间的关系后，提出以 dom/ddeg 和 dom/alldel 为辅助顾问的自适应分支选择约束求解方法，在广泛实验之后，验证改进辅助顾问自适应分支策略的高效性；后者的改进建立在 LVO 基础上，通过对多类典型 Benchmarks 问题的标准测试，进一步证实 AdaptBranch^{LVO} 算法对约束求解效率的提升作用。实验表明：在经典约束求解算法基础上，引入自适应分支策略，能够显著提高约束求解效率，该方案有效可行。

■ 第 4 章 自适应变量选择

本章实现从变量选择角度实现自适应约束求解的方法，探讨自适应变量选择约束求解的重要意义。本章首先对当前流行的静态和动态 VOH 进行阐述，分析两类启发式只利用初始和当前结点信息的局限性，强调学习并运用来自搜索树各个结点信息的自适应 VOH 的优势。通过典型 VOH 的比较，提出广义上的自适应变量选择约束求解思想，并为后文与自适应约束传播的结合做铺垫。实例表明，自适应变量选择可以有效改进约束求解的效率。

■ 第 5 章 自适应值选择

本章详述了通过自适应值选择实现自适应约束求解的相关方法和内容。首先介绍了典型的 V-O-H，并探讨第一部分 V-O-H 的弊端，重点介绍通过廉价的学习在传播中找到更有希望值的 Survivors-first（幸存者优先）学习型自适应值排序启发式（以下简称 Survivors V-O-H），并借助启发式将这些值应用于加速个别问题的求解。然后，借助 Survivors V-O-H，将自适应值选择与自适应分支选择结合，提出算法 AdaptBranch^{surv}，通过对算法的实验评测，验证算法的高效性。最后，在将 AdaptBranch^{surv} 算法与 AdaptBranch^{LVO} 算法进行比较之后，借助实验数据说明 AdaptBranch^{surv} 算法对提高约束求解效率的明显优势。实验表明，自适应值选择约束求解方法能够极大地改善约束求解效率。

■ 第 6 章 自适应约束传播

本章通过对约束传播重要性的阐述突出自适应约束传播的意义，自然引出高效的自适应约束传播约束求解方法。本章首先推出两种约束传播方法之间的自适应约束求解方法。第一种方法是基于比特位操作的自适应约束传播方法，借助比特位操作在寻找 AC 支持及 PC 支持中引入基于比特位的数据结构，并利用比特位操作加速 AC 支持和 PC 证据搜索，从而提高自适应约束传播的效率。提出的算法 AC_MaxRPC_Bitwise 在总体性能上以明显优势胜出。第二种方法是基于 AC 与 LmaxRPC 的自适应约束传播方法，该方法能根据约束的不同特性，在传播能力不同的 AC 方法和 LmaxRPC 方法之间自适应地切换。对应提出的算法 ADAPT$^{AC\text{-}LmaxRPC}$ 有效平衡了求解效率和算法开销之间的矛盾，大幅度提高了约束求解的效率。其次，介绍借助 LPP（learning propagators through probing，通过探查的学习型传播）实现的多种约束传播策略之间学习型自适应约束传播的思想，为进一步研究铺垫基石。对 Benchmark 的测试表明：自适应约束传播约束求解方法能明显提高约束求解效率。

■ 第 7 章　聚类分析理论及实践改进

首先，借助局部概率引导聚类中心的选取，提出一种优化算法 PK-means++，对较为分散的数据集可取到较为稳定的误差平方和（sum of the squared errors，SSE），提高 SSE 的准确度，更好地保证了随机实验取值的稳定性。其次，通过距离、删除率等参考数据，提出 Canopy+算法实现对划分聚类算法聚类数 K 的预判，减少了试探取值的个数，降低了聚类工作量，提高了工作效率。

■ 第 8 章　结论与展望

总结本书的研究成果对实际应用的影响。综述在约束求解所涉及的四个关键环节实现自适应的方法以及其他的自适应约束求解方法，共计五方面内容。这五方面内容分别对应本书的第 3～7 章。在展望部分分析并阐述自适应约束求解亟待提高的几个方面，讨论了自适应约束求解的发展空间，再次肯定自适应约束求解的理论及实际意义。

本 章 小 结

本章首先介绍了 CSP 的相关背景知识以及研究现状，并对当前存在的问题作出分析，为后续研究方法的提出设置铺垫。其次，对本书整体工作及组织结构做出概要介绍。

第2章 约束满足问题相关背景知识

约束满足问题（CSP）的研究始于1963年，从麻省理工学院的 Sutherland 博士设计并实现人机图形交互系统 Sketchpad[55]开始，直到20世纪70年代初约束网络的正式出台，CSP 的研究逐步盛行。自此之后，越来越多的 CSP 求解算法被不断推出。

2.1 约束满足问题

CSP 的定义存在若干形式上有细微差异的版本[1,2,21,33]，本书中，综合定义如下：

定义 2.1（约束满足问题） 一个 CSP 被表示成一个三元组(X, D, C)，其中，$X=\{x_i|1\leqslant i\leqslant n\}$，是 n 个变量的有限集合；D 是一个函数，它将每一个变量映射到一个有限的论域上，用 $D(x_i)$ 表示变量 x_i 的论域，其中，论域的最大基数为 d；C 是 e 个约束的有限集合，表示为$\{c_i|1\leqslant i\leqslant e\}$，每个约束 c_i 是一对$[var(c_i), rel(c_i)]$，其中，$var(c_i)=\{x_1, x_2, \cdots, x_m\}$ 是 X 的一个有序子集，而 $rel(c_i)$ 是 $D(x_1)\times D(x_2)\times\cdots\times D(x_m)$ 的笛卡尔积的子集。

每个约束 c_i 的作用域（scope）是此约束中变量的集合，记为 scope (c_i)。如果一个二元约束 c_i 的 scope (c_i) 是 $\{x_i, x_j\}$，则可将此约束简记为 c_{ij}。全局约束是在不固定数量的变量上有约束关系的约束。

每个元组 $\tau\in rel(c_i)$ 是值$(a_1, a_2, \cdots, a_m)$的有序列表，其中，$a_j\in D(x_j)$，$j=1, 2, \cdots, m$。验证一个元组是否满足约束 c 的过程称为一次约束检查。一个元组 $\tau\in rel(c_i)$ 是有效的，当且仅当元组中没有值被从相应变量的域中移除。

约束 c_i 的元数（arity）是由 c_i 限定的变量的数目，即 scope (c_i)中变量的个数。二元 CSP 是指每个约束最多包括两个变量的 CSP。

变量 x_i 的度（degree）是 x_i 参与到的约束的个数。如果存在一个约束 $c_i\in C$，且 scope $(c_i)=\{x_i, x_j\}$，那么两个变量 x_i 和 x_j 互称为邻居。

一个部分分配（partial assignment）是一个包含若干值对的元组，每个值对包括一个实例化的变量和其在当前搜索结点对应分配的值。一个完全分配（full assignment）是只包含所有 n 个变量及其分配值的元组。把为变量 x_i 赋值 a_i 表示成值对(x_i, a_i)。

CSP 的解是一个不违反任何约束的完全分配。CSP 的终极目标是找到一个解或全部解[5]。

接下来介绍一个典型的 CSP 例子——图着色问题（graph coloring problem，GCP）[1]。

【例2.1】 GCP 问题的目标是为示例图着色，要求在颜色数量有限的条件下为示例图中的相邻区域着上不同的颜色。如图 2.1 所示，（a）图为一张划分为九个区域的示例图，需要按要求用（b）图中 dark gray (dg)、mid gray (mg)、light gray (lg)、white (w) 四种颜色着色。

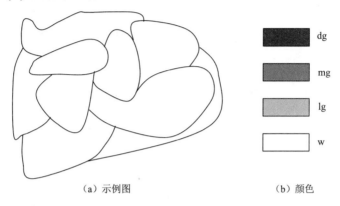

（a）示例图　　　　　　　　　（b）颜色

图 2.1　示例图着色问题

可以将图 2.1（a）所示示例图着色问题表示为约束满足问题 $P(X, D, C)$，其中，变量集合 $X=\{x_1, x_2, \cdots, x_9\}$，分别代表示例图上的九块区域；各变量论域集合 $D=\{dg, mg, lg, w\}$，依次代表可用的四种颜色。此时，图 2.1（a）可进一步转化为图 2.2；约束集合 C 的界定比较复杂，由于相邻区域必须着上不同颜色，因此，在每对表示相邻区域的变量上都需要引入一个约束，在这里可以用不等约束来表示，即 $C=\{x_1{\neq}x_2, x_1{\neq}x_3, x_1{\neq}x_4, x_1{\neq}x_7, \cdots, x_9{\neq}x_2, x_9{\neq}x_6, x_9{\neq}x_8\}$，其中 $x_1{\neq}x_2$ 表示 x_1 对应的区域和 x_2 表示的区域颜色不能相同。

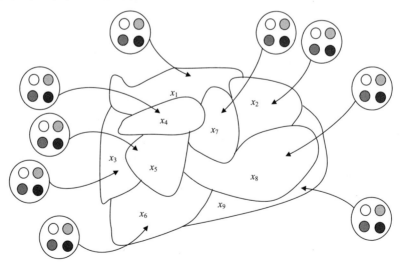

图 2.2　示例图着色问题向 CSP 的转化

2.2　约　束　求　解

现实世界问题可以通过用变量、论域和约束表示成 CSP；反之，可以通过求解抽象出来的 CSP 得到现实世界问题的解。一个 CSP 可以有一个解或多个解，也可能没有解。如果一个 CSP 有一个解或多个解，则此 CSP 是可满足的（satisfiable）或相容的（consistent）。如果变量没有满足所有约束的可能值分配，则此 CSP 是不可满足的（unsatisfiable）或不相容的（inconsistent）。

2.2.1　约束求解方法

求解 CSP 的算法大多是搜索法。因此，大体上讲，CSP 的求解方法主要有完备搜索算法和不完备搜索算法两类[11]。完备搜索算法即那些能确定当前 CSP 有解还是无解的算法；而不完备搜索算法则是那些在未找到解时不能确定当前 CSP 无解的算法，在一些特定 CSP 求解上，后者的效率远高于前者。

1. 完备搜索算法

文献[18]和文献[56]中介绍了许多求解 CSP 的完备搜索算法，其中最常用的是生成测试法（generate and test，GT）[57]和回溯法（backtrack，BT）[18, 58, 59]。探究两者的关系，回溯法可以看成是 GT 法中生成和测试两部分的综合。回溯法的主要思想是：先为 CSP 中的部分变量赋值，得到一个部分分配，然后在这个部分分配的基础上为其余的变量赋值。如果在此基础上，下一个待扩展变量找不出使所有约束均成立的对应值，则需更换此部分分配中的赋值。这样，通过反复为下一个待扩展变量选择一个与当前部分分配相容的值来增量地将部分解扩展成为完全解[60]。如果到最后所有变量均被实例化，则找到当前 CSP 的一个解；反之，若无变量可回溯，则此 CSP 无解。

在使用回溯法时，每当某个部分分配违反约束时，便从所有变量论域的笛卡尔积中去除相应的子集，自然减少了搜索空间，因此，这种方法的效率要高于 GT 法。用于实现回溯法的策略主要有回跳（back-jumping）和前望（look-ahead）[18]两种。前者是当下一个待赋值变量找不到使所有约束均成立的对应值时，不直接将刚赋过值的变量改赋其他值，而是通过解析，跳回导致下一待赋值变量无解的上层变量，并为其更改赋值。后者是在为下一待赋值变量赋值时，通过利用减少搜索空间的约束推理技术与选择合适的变量及变量值的结合实现加快搜索的策略。

2. 不完备搜索算法

上文提到的回溯法是一种全局搜索算法，即它的搜索要覆盖整个问题空间。所以，当问题空间特别大时，这种算法不可行。不完备搜索算法是由基于 cutoff

策略及基于冲突的新系统化回溯搜索策略[61]衍生的算法。cutoff 策略是一种实现最大一致赋值的策略，即在有限时间内尽可能多地实例化变量，并保证限制在这些被实例化变量上的约束关系均被满足。这种不完备搜索算法从本质上实现的是局部搜索，这种搜索会以牺牲解的完备性为代价来实现提高求解效率的目的。典型的不完备搜索算法有禁忌搜索（tabu search）[62]、爬山法、模拟退火（simulated annealing）[63]、DBS（depth-bound backtrack search）算法[64]、拟人拟物法[65]以及 LDS（limited discrepancy search）算法[66]等。更多相关完备搜索算法与不完备搜索算法的详细内容可参考文献[63]。

2.2.2　约束求解过程

一旦一个 CSP 被识别，随之而来的便是建模，为了实现对所建模型的求解，相应地便有许多问题求解技术[2]应运而生。一般来说，一个 CSP 可以通过回溯法系统地搜索求解，也可以利用某种不完备的局部搜索来求解。回溯搜索算法执行的是对搜索树的深度优先（depth-first）遍历，从某一结点出发，不同的分支走向代表着找到解的不一样的选择，在寻找解的过程中，用约束来删除不包含解的子树。基本的回溯搜索通过不断为变量选择值建立一个部分解，直到遇到某个结点，此部分解不能继续被相容性扩展，便撤销上次的选择，并做其他的选择。在此，称导致上面情况发生的结点为死结点（dead end）。总体来说，这个过程是系统化的，它保证所有的可能情况都会被尝试到。这是在简单的枚举和测试所有候选解的基础上通过 brute force[2]改进的，因为它每次做出新选择时都检查是否满足了所有的约束，而不是一直等到所有的解候选变量都产生了相应值时才进行检查。整个回溯搜索过程经常被表示成一棵搜索树，树中每个结点（根结点以下）表示变量的一个值选择，每个分支表示一个候选部分解。一旦发现某个部分解不能被继续扩展，则删除相应的子树。回溯搜索算法是完备的，它能保证在存在解的情况下一定能找到解，也可被用于证明一个 CSP 无解或找到一个可查证的最优解。

由于回溯搜索不能保证求解过程在多项式时间内完成，因此研究者努力将回溯搜索的作用发挥到极致。实践证明，求解 CSP 的一个广泛认可的方法是将回溯树搜索和约束传播结合，逐步过滤掉不相容的值。搜索按照某种分支策略，典型由有效的变量排序启发式（variable ordering heuristic，VOH）和值排序启发式（value ordering heuristic，V-O-H）引导，增量地把部分解扩展到完全解。这个框架是在有限域约束程序设计系统上实现的，比如 SICStus Prolog[67]、ILOG Solver 和 Gecode 已经被成功应用到许多现实世界的工业应用中[68]。

对于回溯搜索和约束传播结合之后的 CSP 求解过程，除去预处理部分（preprocessing），大体可概括为四个环节：第一个环节是进行分支策略的选择（branching selection），主要是 2-way 分支策略[69]、受限 2-way 分支策略[32]和 d-way 分支策略[69]三种，并按选择的分支策略大体确定搜索树的走向。继分支策略之后的第二个环节是变量选择（variable selection），此环节的核心是利用启发式信息确定一个最有可能以免回溯方式得到问题解的变量，并为后面的约束传播做铺垫。锁定具体变量后，接下来的第三个环节是为选中变量实例化一个值，这个过程也称为值选择（value selection），该环节中变量被实例化次序的程度严重影响着搜索的效率。最后一个环节是约束传播（constraint propagation），它是影响约束求解方法效率和适应性的关键因素。以上四个环节以回溯方式迭代进行，直到找到一个或多个解或以失败告终。假如最后所有变量均被实例化，则找到问题的一个解；反之，如果最后没有变量可回溯，则说明这个 CSP 无解[70]。整个过程如图 2.3 所示。需要补充说明的是，开始部分的预处理环节主要指信息初始化及变量赋值前的约束传播。

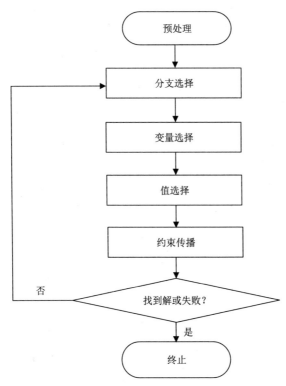

图 2.3　一般约束求解过程

2.2.3　自适应约束求解

　　CSP 的一般求解过程可以得到优化，"自适应"是其实现目标的一个有力手段。不难设想，如果从 CSP 自身特征出发，在上述一般约束求解的一个或多个环节中引入"智能性"，自然更容易使问题自适应到有利于当前问题求解的路径上，相应的约束求解的效率便会随之提高。

一般将基于上述指导思想的约束求解称为自适应约束求解。例如，在搜索中的某个点自适应地选择 2-way 分支策略或 d-way 分支策略等不同的分支策略；或是根据约束删除能力的强弱本质特性，自适应地选择强弱相容性方法；又或利用预处理阶段得到的信息去自动决定对每个约束采用哪种约束传播方法；等等，这些都是在一般约束求解若干个环节上融入了"自适应"的结果。那么，结合了"自适应"手段后，约束求解过程如图 2.4 所示（方括号中内容表示可选）。当然，一旦将约束求解聚焦在某个具体环节，并强调性地针对特定问题的自身特征，众多研究者便期望在效率上能有质的飞跃。

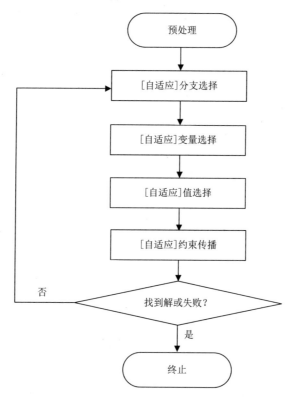

图 2.4　自适应约束求解过程

令人振奋的是，在已有研究文献中[24-27, 68]，自适应约束求解方法给予研究者足够的信心，大量实验证实，它与一般约束求解相比，在评估求解方法的各项技术指标上都显示出其独特的一面，性能上也有显著的提高，具有极高的研究价值。

2.3　约　束　传　播

2.3.1　引言

　　传统的 CSP 求解技术主要分为两类，即搜索（search）和推理（inference）[2]。所有搜索算法均需结合推理技术才能有效求解实际问题。约束推理是约束程序中的重要概念，它包括为使 CSP 满足一系列约束而使用的各项技术。推理的主要目标是简化问题，具体为在不改变语义的情况下，使问题更易求解。这种简化可以通过改变变量和约束的集合或是丢弃不相容的值组合来实现。在众多约束推理技术中，约束传播是最受瞩目的一种，是影响约束求解算法效率和适应性的关键因素。

　　约束传播是一个一般性的概念，它以不同的名字和称谓出现在各个历史时期和不同的研究者眼中。纵观各个称谓，典型的有过滤算法、混沌递归算法、约束松弛算法、标记推理算法、收缩算法、简化算法、规则迭代算法、约束推理算法、实施局部相容算法、单元传播算法[2,71]等。约束传播算法可以嵌入到任意推理过程中，只要这个推理过程由于不满足一组给定的约束而使问题中的变量出现了明显禁止的值或值组合。例如，典型的 8-皇后问题，如果将某个皇后固定在棋盘中的某个方格，则禁止在此皇后可以攻击到的任意地方放置其他皇后（这些能攻击到的位置包括此皇后所处的行、列及对角线），这就是约束的传播[5]。简言之，约束传播即是传播来自约束的局部推理结果的机制，它可以通过过滤算法来实现。具体地讲，单个约束会导致一个局部推理，相应地便会移去约束（scope）中变量论域中的一个值。每当执行一个局部推理，加之变量一般都参与到几个约束当中，则持续产生触发新推理的条件。这样重复地进行局部缩减，直到遇到某个停止条件或是到达某个定点（fixed point）（即论域不发生变化的位置）[2]。

　　有限论域约束程序求解器的核心是一个约束传播引擎。约束传播典型地由变量或约束的相关事件引导。在一般过滤机制下，对所有约束都使用同一个过程，唯一需要考虑的事件是何时变量论域发生了改变（如论域中删除了一个或多个值）。在特殊过滤机制中，CP 求解器为特殊的约束使用一组传播函数，并配合专门的算法实现，而且约束求解器为所有传播函数计算一个定点，最大化推理的种类。在求解整个问题时，求解器也可以将问题划分成子问题，并通过对子问题的迭代求解来完成整个问题的求解。

　　多年来，学术研究者不断改进对约束传播的概念性描述，并推出多种约束传播算法。总体上讲，约束传播有两条发展主线：局部相容与规则迭代。前者是对约束传播过后 CSP 必须满足性质的定义，但后者却是对约束传播自身性质的定义[5]。CSP 求解中引入约束传播机制能够有效提升求解速度，而且，实践证实，在特殊的搜索方法中引入恰当的推理技术可以显著改善求解算法的性能[72, 73]。当前，相容性技术、桶消元[74]、树分解[75]等推理技术被研究者欣然推崇。

2.3.2 相容性技术

早在 1975 年，著名人工智能领域专家 Waltz[76]引入相容性技术。从此，相容性技术便在约束程序中发挥出不可估量的作用。相容通常表示某种程度的局部一致性。对于局部相容，它定义在某些特殊的变量和约束的子集上；而全局相容是对整个网络的准确定义。相容性技术可以在求解过程初期有效地过滤掉许多不相容的值对，进而大幅度压缩待求问题的搜索空间。而且，它与变量的论域信息（如论域最小的变量优先实例化）配合使用能尽早发现冲突。可以确定的是，相容性技术在求解大量困难搜索问题中极其有效。此外，虽然相容性技术可用于单独求解 CSP，但它却属于不完备搜索技术，即使相容性条件得到满足，问题仍然可能无解。因此通常很少单独采用相容性技术求解 CSP。常用的相容性技术有结点相容、弧相容（arc consistency，AC）、k-相容、边界相容（boundary consistency，BC）、关系相容、对偶相容及路径相容（path consistency，PC）等[1]。

1. AC

AC 是最古老而著名的传播约束的技术，它简单且自然地保证了论域中的每个值都能与所有约束相容。它能利用二元约束进一步缩减变量论域，是其他多种相容性技术的基础。

定义 2.2（AC）[33]　对于二元 CSP，一个有向约束 c[其中 var(c)= $\{x_i, x_j\}$]是 AC 的，当且仅当对于 x_i 论域中能满足 x_i 上一元约束的每一个值 a_i，都在 x_j 的论域中存在一个值 a_j，使得 a_j 满足 x_j 上一元约束的同时，< (x_i, a_i), (x_j, a_j) >满足二元约束 c。将 (x_j, a_j) 称为 (x_i, a_i) 在 c 上的一个 AC 支持。一个 CSP 是 AC 的，当且仅当 D 中没有空域且 C 中所有约束都是 AC 的。

非二元约束的 AC 定义称为一般 AC（generalized arc consistency，GAC）[21]，它是 AC 定义的扩展。在一个非二元 CSP 中，值 $a_i \in D(x_i)$是 GAC 的，当且仅当对每个满足 $x_i \in$ scope(c) 的约束 c，都存在一个包含值对 (x_i, a_i)[77, 78]的有效元组 $\tau \in$ rel(c)。此时，τ 是 a_i 在约束 c 上的一个支持。一个变量是 GAC 的，当且仅当其论域中所有值都是 GAC 的。一个问题是 GAC 的，当且仅当 D 中无空域，且所有变量都是 GAC 的。

AC 是一种二元相容性关系，与 PC、k-相容等非二元相容性关系相比，问题转化的代价要小很多，正是凭借此点，巩固了它在约束求解中的重要地位。自 AC 提出以来，一系列经典 AC 算法相继问世。著名的 AC-3[72]最初是 Mackworth 在 1977 年提出的，起因是二元标准化网络，并在文献[78]中扩展到任意网络的 GAC；

而后 Mohr 和 Henderson 针对最优时间复杂度在 AC-3 基础上提出 AC-4[77]，但其空间复杂度较高；1994 年至 2001 年，法国资深教授 Bessière 接连提出 AC-6[79]、AC-7[80]和 AC-2001[81]；2005 年，他又提出一种理想粗粒度 AC 算法[82]；此外，Mehta 和 van Dongen[83]给出修正的 AC 算法以及低额相容性检查；Lecoutre 教授[84]在 2007 年对 AC 算法中的残余支持（residual supports）进行了深入研究；同年，Likitvivatanavong 进一步研究了搜索过程中的 AC。在这些算法中，AC-3 虽然不如细粒度算法那样具有良好的时间复杂度，但以简单且自然的结构在实际操作中赢得了普遍的重视。算法 2.1 给出了 AC-3 的主要过程。

算法 2.1　AC-3 (X, D, C)

输入：原始 CSP (X, D, C)

输出：AC 之后的 CSP

1. $Q \leftarrow \{ x_i \rightarrow x_j \mid c(x_i, x_j) \in C \}$;

2. **WHILE** $Q \neq \{\}$ **DO**

3. 　　从 Q 中删除弧 $x_i \rightarrow x_j$;

4. 　　**IF** REVISE$(x_i \rightarrow x_j, (X, D, C))$ **THEN**

5. 　　　　$Q \leftarrow Q \cup \{ x_k \rightarrow x_i \mid c(x_k, x_i) \in C, k \neq j \}$;

6. 　　**END IF**

7. **END WHILE**

8. **RETURN** (X, D, C);

算法 2.2　REVISE $(x_i \rightarrow x_j, (X, D, C))$

1. deleted←False;

2. **FOR** each $a_i \in D(x_i)$ **DO**

3. 　　**IF** $\nexists a_j \in D(x_j)$ 使$< (x_i, a_i), (x_j, a_j) >$ 满足约束 $c(x_i, x_j)$ **THEN**

4. 　　　　从 $D(x_i)$中删除 a_i;

5. 　　　　deleted←True;

6. 　　**END IF**

7. **END FOR**

8. **RETURN** (deleted);

在算法 2.1 中，对确定的输入 CSP(X, D, C)，首先将约束集合 C 中所有的约束以弧[弧 $x_i \rightarrow x_j$ 表示变量 x_i 与变量 x_j 的约束关系 $c(x_i, x_j)$]的形式放入传播队列 Q。值得注意的是，这里的弧是有方向的，比如约束 $c(x_i, x_j)$中包括两个变量 x_i 和 x_j，那么相应就有两条弧，即 $x_i \rightarrow x_j$ 和 $x_j \rightarrow x_i$。接着，从传播队列中依次取出各个弧进

行校验，如果在校验弧 $x_i \to x_j$ 的过程中 $D(x_i)$ 发生了论域缩减，则将不包含在 Q 中的，与 x_i 有约束关系的其他弧（$x_i \to x_j$ 除外）重新加入传播队列 Q。其原因很明显，当 $D(x_i)$ 发生论域缩减时，移去的值很可能是除 x_j 以外与 x_i 有约束关系 $c(x_k, x_i)$ 的其他变量 x_k 的唯一支持，因此，它的移去会使 x_k 失去支持。算法终止的条件是传播队列 Q 为空。算法 2.2 是对校验过程的描述。在校验弧 $x_i \to x_j$ 的过程中，它检查的是变量 x_i 的任意值 a_i 在 $D(x_j)$ 中是否有支持。如果没有，则将 a_i 从 $D(x_i)$ 中删除。如此重复，直到从 $D(x_i)$ 中删除所有在 $D(x_j)$ 中无支持的值为止，并返回删除的状态。

当前存在的 AC 算法时间复杂度以及空间复杂度对比情况如表 2.1[85] 所示。

表2.1　AC算法时间及空间复杂度对比

算法	时间复杂度	空间复杂度
AC-3	$O(e \times d^3)$	$O(e)$
AC-4	$O(e \times d^2)$	$O(e \times d^2)$
AC-6	$O(e \times d^2)$	$O(e \times d)$
AC-7	$O(e \times d^2)$	$O(e \times d)$
AC-2000	$O(e \times d^3)$	$O(e \times d)$
AC-2001	$O(e \times d^2)$	$O(e \times d)$
AC-3.2	$O(e \times d^2)$	$O(e \times d)$
AC-3.3	$O(e \times d^2)$	$O(e \times d)$

2. 单弧相容

随着对 AC 研究的不断深入，一种新的建立在 GAC 基础上的相容性技术——单弧相容（singleton arc consistency，SAC）脱颖而出。SAC 比较特殊，它通过问题求解前的预处理降低搜索空间，并通过实例化某个变量产生相应子问题，以便进一步维持子问题上的 AC。SAC 的发展经历了几个典型的里程碑：初具规模的 SAC-1 算法是在 1997 年由 Debruyne 和 Bessière[86] 提出的，同时得出结论 SAC 的约束传播能力比 AC 强。2004 年，Barták 和 Erben [87] 提出基于 AC-4 的算法 SAC-2，改进了算法的执行效率。2005 年，Bessière 和 Debruyne[88] 提出基于 AC-2001 的算法 SAC-SDS，进一步在执行效率上做出贡献；同年，Lecoutre 和 Cardon [89] 又提出算法 SAC-3，这是一种基于深度优先的贪婪搜索算法；2006 年，又深入分析了搜索中 SAC 的维护。2006 年，van Dongen[90] 发表了对 SAC 的最新研究观点。2008 年，Bessière 和 Debruyne [91] 在 SAC 理论研究方面有了更大的突破，提出传播能力更强的双向 SAC（bidirectional singleton arc consistency，BiSAC）。

定义 2.3（SAC）[33]　一个变量 x_i 是 SAC 的，当且仅当对每个值 $a_i \in D(x_i)$，对将 a_i 分配给 x_i 之后的子问题（表示成 P$|x_i=a_i$）应用 AC，没有空域。一个问题是 SAC 的当且仅当所有的变量都是 SAC 的。

　　SAC 已经应用于自动化推理的多个领域中。它依次尝试为变量分配不同的值，每当为变量分配某个值后，便在得到的子问题上执行约束传播。如果得到的子问题是不相容的，则说明分配的这个值不在任意解路径上，可以理所当然地将其移除。重复此过程，直到变量的论域达到定点（即论域不发生变化）。SAC-1 的算法描述如算法 2.3 所示。

算法 2.3　　SAC-1 $P(X, D, C)$

输入：原始 CSP $P(X, D, C)$

输出：SAC 之后的 CSP

1. P←AC (P);

2. **DO**

3. 　　deleted←False;

4. 　　**FOR** each $x_i \in X$　**DO**

5. 　　　　**FOR** each $a_i \in D(x_i)$　**DO**

6. 　　　　　　**IF**　P | $x_i=a_i$ 导致域空　**THEN**

7. 　　　　　　　　从 $D(x_i)$ 中删除 a_i;

8. 　　　　　　　　对删除 a_i 之后的问题 P 进行约束传播;

9. 　　　　　　　　deleted←True;

10. 　　　　　　**END IF**

11. 　　　　**END FOR**

12. 　　**END FOR**

13. **UNTIL** deleted←False;

---

3. PC

　　关于 PC 的算法有很多版本。每针对 AC 提出一项新技术，那么这项技术很快便会用于 PC。最早版本是由 Montanari 教授在 1974 年作为一个二元标准化网络中值对相容的必要条件提出的，当时命名为 PC-1[92]，它可以看成对应于 AC-1 的产物。1977 年，Mackworth 教授在扩展 AC-3 的基础上，提出了新的 PC 算法 PC-2[72]; 1986 年，Mohr 和 Henderson 研究出算法 PC-3[77]; 1988 年 Han 和 Lee 借鉴了算法 AC-4，提出借助于支持列表实现最优化的算法 PC-4[93]; 1996 年，Singh 基于算法 AC-6 进行扩展，得到 PC 算法 PC-5[94]，同年，Chmeiss 和 Jégou 基于算法 AC-6 进行扩展，得到 PC 算法 PC-6[95]; 不久 Chmeiss 和 Jégou 对 PC-6 进行化简，设计出应用性更强的算法 PC-7[96] 和 PC-8[97]; PC5++[94] 是在 AC-7 上应用了双向性的结果; 2005 年，Bessière 教授设计了 AC-2001 的扩展算法

PC-2001[82]。

定义 2.4（PC）[33]　　一个有向约束 c[其中 $var(c)=\{x_i, x_j\}$]，元组 $<(x_i, a_i), (x_j, a_j)>$ 是 PC 的，当且仅当对任意的第三个变量 x_m 都存在一个值 $a_m \in D(x_m)$，满足 (x_m, a_m) 既是 (x_i, a_i) 的 AC 支持又是 (x_j, a_j) 的 AC 支持。称 (x_j, a_j) 为 (x_i, a_i) 在 c 上的 PC 支持。

PC 的一个缺点是，在执行时会产生不在原约束集合中的附加约束[2]。此外，即使这个约束已经在原约束集合中，一经 PC 改良后，会强制性地改变语义，并扩充性地表示这个新约束。

4. 最大受限路径相容

在所有针对二元和非二元约束[2,98,99]提出的相容性技术中，最大受限路径相容（max restricted path consistency，maxRPC）是备受瞩目的一种。它的传播强度介于 AC 和 SAC 之间，即强于 AC 而弱于 SAC。maxRPC 是 1997 年[100]由 Debruyne 和 Bessière 针对二元约束提出的，并命名为 maxRPC-1，这是一个基于 AC-6 的细粒度算法，最优时间复杂度是 $O(e \times d^3)$，空间复杂度是 $O(e \times d)$；2001 年 Debruyne 和 Bessière 对其进行了更深入的研究[98]；2003 年，Grandoni 和 Italiano 改进得出了第二个算法 maxRPC-2[102]，该算法是粗粒度算法，时间复杂度是 $O(e \times d^3)$，空间复杂度是 $O(e \times d)$；2009 年，Vion 和 Debruyne 通过减少数据结构的使用提出第三个算法 maxRPC^{rm}[102]，该算法是基于 AC-3^{rm} 的粗粒度算法，时间和空间复杂度分别是 $O(e^2 \times d^4)$ 和 $O(e \times d)$；2010 年 Balafoutis 等提出了改善 maxRPC 适用性的技术 maxRPC-3 和 maxRPC3^{rm}[103]，通过删除一些冗余保证低的空间复杂性，其最优时间复杂度分别是 $O(e \times d^3)$ 和 $O(e^2 \times d^4)$。

定义 2.5（最大受限路径相容）[33]　　一个有向约束 c[其中 $var(c)=\{x_i, x_j\}$]是最大受限路径相容的，当且仅当它是 AC 的，而且对每个值 (x_i, a_i) 都存在一个 (x_i, a_i) 的 AC 支持值 $a_j \in D(x_j)$ 满足二元组 $<(x_i, a_i), (x_j, a_j)>$ 是 PC 的。称 (x_j, a_j) 为 (x_i, a_i) 在 c 上的 maxRPC 支持。

此外还有许多种相容性技术并未详细阐述，具体可参考文献[1]和文献[2]，文献[2]中将常用相容性技术之间的强弱关系进行总结（图 2.5），是对各种基于论域的相容性技术传播层次的一个精准概括。

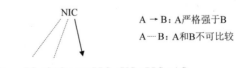

图 2.5　各个相容性技术的强弱关系

2.4　标准测试用例

在约束程序设计中，为了用统一衡量标准比较各个算法，约束满足问题研究者团体近几年从多个领域搜集了多种系列的结构化实例和随机实例以供测试，最终总结出测试和比较约束算法的统一测试平台——Benchmarks。许多著名的约束求解器，如 Ilog Solver、Gecode 和 Choco 等评测的标准都是 Benchmarks。所有这些实例都可以在 Christophe Lecoutre 的主页上找到（http://www.cril.univ-artois.fr/~lecoutre/）。为方便研究者进一步实验，Christophe Lecoutre 还将 CSP 测试实例表示成 XML 的形式（记为 XCSP），这种新的表示形式已经被用于国际约束求解器的竞争中，并表现出良好的效果。其最新版本 XCSP 2.1[104]可以让研究者在其基础上控制并再生出新的实验结果。

为充分说明本书研究算法的效率，书中所有的测试用例都取自 Benchmarks，这些测试实例涵盖了广泛领域的多数问题。主要包括以下问题类：现实世界实例（real-world instances，REAL）、模式化实例（patterned instances，PATT）、学术实例（academic instances，ACAD）、半随机化实例（quasi-random instances，QRND）和随机实例（random instances，RAND）。下文将对实验中用到的 Benchmarks 实例做以概要介绍。

2.4.1　现实世界实例

1. 驾驶员问题（driver）

这组实例来源于第三届国际规划大赛[105]。每个问题包括一组司机、卡车、位置和包裹。目标是将包裹投放到不同位置，并使司机和卡车在指定的终点结束。

2. 带有极化约束的频率分配问题（FAPP）

FAPP 是 ROADEF'2001 挑战[106]中保留的优化问题，是欧洲项目——军事应用组合算法（combinatorial algorithms for military applications，CALMA）中的扩展问题。在此类问题中，有一些有关频率间距离的约束和依赖于无线电通信线路极化的约束。对于这些约束，授权了一些渐进松弛：松弛的水平在 0（无松弛）和 10（最大松弛）之间。为了得到一个决策问题，可以将松弛水平定位在某个位置。换言之，任意一个原始的 FAPP 问题都可以被定义成 11 个 CSP 实例。这个实例的系列可以记为 fappNB，其中，NB∈{01, 02, …, 40}，而个别实例记为fappNB-n-r，其中，n 表示变量个数，r 是松弛水平。r 值越高，实例约束得越少。

3. 无线电通信线路频率分配问题（RLFAP）

RLFAP 的任务是为一定数量的无线电通信线路完成频率分配，条件是在满足大量约束的同时尽可能使用最少的不同频率。1993 年，法国军事电子技术中心从现实网络上的数据开始建立了一系列 RLFAP 的简化版本，这些 Benchmarks 公开在欧洲项目 CALMA 上，更多信息参见文献[107]。二元 RLFAP 实例有五个系列，确定为 scen 或 graph。可以遵循文献[108]的方法，通过移除一些约束和（或）频率产生某些改进的 RLFAP 实例。例如，scen07-w1-f4 相当于在实例 scen07 中不考虑权重大于 1 的约束，并移去了 4 个最高频率。补充说明：在 RLFAP 中，最难的实例是系列 scen11-fNB，其中，NB$\in\{1, 2,\cdots, 12\}$。

2.4.2　模式化实例

1. 准群完备问题（QCP）、带洞准群问题（QWH）和平衡带洞准群问题（BQWH）

QCP 是决定是否剩余的部分拉丁方（Lain square）位置能被填充成一个完整拉丁方的问题，例如，准群问题的一个完整乘法表。QWH 是 QCP 的变体，其实例是通过保证可满足的方式产生的。这个问题中的八个系列是 Radoslaw Szymanek 为 2005 年的 CSP 求解器竞赛设计的，记为 qcp-p 和 qwh-p，其中，$p\in\{10, 15, 20, 25\}$，相当于拉丁方的大小。BQWH 实例是可满足的平衡带洞准群问题[109]。

2. 图着色问题

图着色（graph coloring）问题是一类被广泛研究的组合问题。给定一幅地图和一组颜色，最终使问题满足没有相邻地区着相同颜色的约束。

3. 作业安排问题

作业安排（job-shop）问题来源于经典的作业安排调度问题，给定参数包含作业项数和资源的容量（即机器数量）以及指定的完成时间，其目标是为需要共享资源的一组作业找到一个使总体完成时间最小的时间表。更多信息可参见文献[110]和文献[111]。

2.4.3　学术实例

1. 多米诺问题

多米诺（Domino）问题是由 Zhang 和 Yap 在文献[112]中为强调 AC-3 算法的子最优性而介绍的。其中的每个实例（记为 domino-n-d）都是二元的，且相当于一个无向带环约束网络。更准确地说，n 代表变量个数，其论域为$\{1, 2,\cdots, d\}$，对

任意的 $i \in \{1, 2, \cdots, n-1\}$，存在 $n-1$ 个等式约束 $X_i = X_{i+1}$ 和一个触发约束$(X_1 = X_n+1 \land X_1 < d) \lor (X_1 = X_n \land X_1 = d)$。

2. 汉诺塔问题

汉诺塔（Hanoi）问题是塔的移动问题，整个塔的组成表示成 n 个盘子，初始情况下所有盘子以尺寸递增的顺序堆放在一根钉子上，一共有三根钉子，最终目标是将整个塔移动到其他两根钉子中的任意一根上。移动规则为：一次只允许移动一个盘子，并且不可将大盘子放到小盘子上。这类问题中的每个实例都是二元可满足的，记为 hanoi-n。

3. N-皇后问题

N-皇后（Queens）问题是在 $N \times N$ 的国际象棋棋盘上放置 N 个象棋皇后，使任意两个皇后都不能捕获到其他人。每次必须以不能被攻击到的方式将皇后放置在棋盘上，即，一个解须满足任意两个皇后都不能在同一行、同一列或是同一对角线上。

4. Langford 问题

Langford 问题的泛化版本是安排 k 组数值在 1～n 的值，使每次数值 m 出现的位置都和它上一次出现的位置间隔 m 个数。每个实例都记为 langford-k-n。例如，$n=3$ 时的解是 231213；$n=4$ 时的解是 23421314。

2.4.4　半随机化实例

1. 组合问题

组合（composed）问题中包括九类问题，每类中包含 10 个随机 CSP 实例。每个生成实例由一个主要的欠约束部分和一些辅助部分组成。这些辅助部分都要通过引入一些二元约束与主要部分"接壤"。详细介绍参见文献[113]。

2. Ehi 问题

3-SAT 实例是满足每个子句恰好包括三个文字的实例。将两个系列的 3-SAT 不可满足实例用文献[114]中描述的二元方法转化成 CSP 实例，相应地，这两个系列被记为 ehi-85 和 ehi-90。

3. 几何学问题

几何学（geom）问题是由 Rick Wallace 提出的。几何实例是一类以下列方式产生的随机实例。产生时用到一个距离参数 dst（而不是一个密度参数），使其满足 dst≤sqrt(2)。对每个变量，随机选择两个坐标，使相关点位于单元正方形（unit square）内。这样，对于每个变量对(x, y)，如果它们关联点的距离小于等于 dst，则将弧 arc (x, y)添加到约束图中。约束关系的建立方法和均匀随机 CSP 实例的建立方法相同。这组中的每个实例都加上前缀 geom。

2.4.5　随机实例

为使对算法效率的评测更准确，能满足各方面要求的通用测试实例的设计迫在眉睫。随机 CSP 的概念由此产生。这类 CSP 通过一些参数的指定，以及约束关系的随机产生而产生相应的问题实例。在 CSP 中，最基本的形式是二元 CSP，因此在评测算法时，一般选用二元 CSP 中的随机实例为测试实例。在随机二元 CSP 模型中，生成一个约束图 G，其每条边选择有冲突的值对。多种随机二元 CSP 模型的区别关键在于如何生成约束图和怎么选择有冲突的值对。随机二元 CSP 可以用一个四元组$< n, m, p_1, p_2 >$来描述这些模型，其中，n 表示变量的个数，m 代表均匀论域大小（即所有变量论域大小相同），p_1 代表 G 中约束的密度（density），p_2 则表示约束的紧致度（tightness），它是描述约束中存在冲突值对情况的参数[115, 116]。

1. Model B 问题

在约束图 G 中，均匀选择 $p_1n(n-1)/2$ 条约束，而每条约束存在冲突的值对则由均匀选择 p_2m^2 个值对产生。Benchmarks 中有五组原始系列，每个系列是根据 Model B 产生的 10 个随机实例。这些实例是 Marc van Dongen 在 2005 年的竞赛中生成的。

2. Model D 问题

在约束图 G 中均匀选出 $p_1n(n-1)/2$ 条约束，而其存在冲突的值对产生方法是以概率 p_2 选择每条边上 m^2 个可能值对的任意一个。Benchmarks 中这组包括七个系列，系列中包含 100 个位于搜索中渐变阶段的二元随机实例（以 Model D 生成）。对每类$< n, d, e, t >$，设置变量的个数 n 为 40，论域大小 d 在 8 和 180 之间，约束的个数 e 介于 84 和 753 之间（密度在 0.1 和 0.96 之间），松紧度 t 表示值对满足一个关系的可能性，介于 0.1 和 0.9 之间。

3. Model RB 问题

Model RB 是 Model B 的修正模型[13, 117]。这里包括八组 5(*2)的强制性可满足 Model RB 随机 CSP 实例。这组实例是极难求解的。对于 Model RB 以及强制性可满足实例的更多信息可参见文献[13]和文献[118]。

本 章 小 结

　　本章首先从 CSP 相关的背景知识以及概念和形式化定义出发，详述了约束求解的一般过程及方法，引出自适应约束求解的概念和基本切入点。接着，就能够实现自适应 CSP 的环节做出详细介绍，着重阐述了约束传播的相关概念及常用的局部相容性技术，并描述了对应的相容性算法，指出各局部相容性技术的强弱程度。最后，列出了算法评测时需要用到的测试平台——标准测试库 Benchmarks，并介绍了典型的各类测试实例。

第 3 章 自适应分支选择

3.1 引　　言

众所周知，求解 CSP 的一个广为认可的方法是回溯树搜索与约束传播的结合，通过依次过滤不相容的值，将部分解逐步扩展成完全解。其中的搜索过程则按照某种分支策略由 VOH 和 V-O-H 引导。显然，分支选择具有方向性的作用，选择错误的分支，必将导致搜索树扩展出不在解路径上的冗余结点，进而浪费不必要的求解时间。如果能自适应地选择恰当的分支策略，必定会减少选择错误分支的概率，从而在根本上提高约束求解的效率。因此，在分支选择上实现自适应是自适应约束求解的首选途径。

本章研究的主要内容是 CSP 求解的自适应分支策略，其主体框架如下。首先，说明自适应分支策略的研究意义，并简要阐述本章的主要工作。其次，介绍现有的分支策略，并比较其标准分支策略之间的不同，为设计自适应分支策略做铺垫。再次，详细介绍一种盛行的自适应分支策略及其启发式，并验证其对约束求解效率的影响。又次，重点给出两种改进的自适应分支策略：一是改进的辅助顾问启发式策略，广泛比较了多种辅助顾问，并在多类典型 Benchmarks 问题上完成测试，测评结果表明，改进的辅助顾问启发式在效率上远远胜出；二是提出一种新的自适应分支求解算法 AdaptBranch^{LVO}，并用实验充分对比验证了算法效率。两种改进的自适应分支策略验证，在经典约束求解算法基础上，引入自适应分支策略，能够显著提高约束求解效率。最后，对本章研究工作进行小结。

3.2 分支策略及其比较

3.2.1 分支策略

在 CSP 回溯搜索中，分支决定可以将整个搜索树划分成两个或多个子树。指导这些决定的典型分支策略为 2-way 分支策略和 d-way[69]分支策略。下面以论域均为 $\{a_1, a_2, \cdots, a_d\}$ 的变量 x 和 y 为例介绍两种分支策略。总体来说，在 2-way 分支策略下，变量 x 被选取之后，建立两个分支，一个分支是给 x 分配某个值 a_1，另一个分支是从 x 论域中移去 a_1 之后剩下的部分，如图 3.1 所示。对于 d-way 分支策略，变量 x 被选取之后，建立 d 个分支，每个分支对应 x 的 d 种可能分配值中的一个，如图 3.2 所示[32]。

　　具体工作情况为，在 2-way 分支策略下，选择变量 x 和 x 论域中的某个值 a_i 后，建立两个分支，一个分支是将 $x=a_i$ 加入问题中传播，另一个分支是将 $x \neq a_i$ 加入问题中传播。在两个分支都失败时，算法回溯。在此需要强调一点，对于 $x \neq a_i$，可以选择不同于 x 的变量 y 的某个值继续传播，也可以选择变量 x 的不同于 a_i 的其他值进行传播。如果将问题限定为后一种情况，则称其为受限 2-way 分支策略[32]，如图 3.3 所示。在 d-way 分支策略下，变量 x 被选择之后，建立 d 个分支，每个分支对应 x 的一个值分配。在第一个分支中，x 分配值 a_1，并引发约束传播，如果这个分支失败了，则从 x 论域中移去 a_1，然后为 x 分配 a_2，以此类推，即在 $x=a_i$ 失败后，算法必须选择 x 的下一个可用值。如果 d 个分支都失败了，算法回溯。

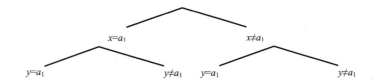

图 3.1　2-way 分支策略

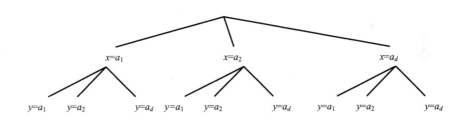

图 3.2　d-way 分支策略

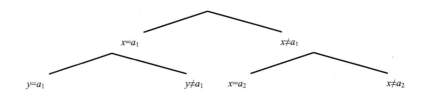

图 3.3　受限 2-way 分支策略

　　搜索算法可以采用 2-way 分支策略或 d-way 分支策略中的任意一种，在早期的 CSP 研究中，后者运用得多一些，主要用来描述一些古老的搜索算法，如各种版本的回跳[119, 120]等，也用于一些学术型的求解器中，如 4-皇后问题的描述中[21]。2-way 分支策略主要用于约束程序系统中以及一些商业性质的求解器[52,121]中。

d-way 分支策略搜索树的宽度是 *d*，深度是 O(*n*)[122]；而 2-way 分支策略的搜索树是一个二叉树，宽度是 2，深度是 O(*d*×*n*)[122]。2-way 分支策略搜索树的总大小较 *d*-way 分支策略的要深且窄。

另外一项技术是叉状论域分割技术（dichotomic domain splitting）[123]，这种方法是按值的字典顺序将选定变量的当前论域分割成两部分，当其中一部分被移除后，马上进行传播。在这种方法下，分支策略执行在两个建立的子集上，分支因子降为 2。虽然论域分割大规模降低了分支因子，由于在分支决定之后传播的效果被削弱，所以它会导致更深的搜索树。论域分割技术主要用于优化问题中，特别当变量论域非常大时。由于叉状论域分割技术的能力弱于其他分支策略[69]，这里对其不做深入研究。

3.2.2　分支策略性能对比

为设计合理的自适应分支策略，需要对各种标准分支策略的性能做进一步了解，主要是分析各分支策略之间的实际差异，以便更好地利用。在所有标准分支策略中，2-way 分支策略和 *d*-way 分支策略是使用最广泛的。理论上，2-way 分支策略比 *d*-way 分支策略更有效，但实践上缺少确凿证据。2010 年，Balafoutis 和 Stergiou[32]通过实验证实，不同的 VOH 对 2-way 分支策略和 *d*-way 分支策略的影响是不同的。当从简单的 dom[119]一直测试到更经典的启发式，如 dom/ddeg[25]时，2-way 分支策略要优于 *d*-way 分支策略。但采用当前公认最好的 dom/wdeg[25]时，*d*-way 分支策略却比 2-way 分支策略更有效，并给出了详细实验数据。实验结果表明，受限 2-way 分支策略与 *d*-way 分支策略效果很接近。

在此基础上，对设计新的自适应分支求解方法中用到的 2-way 分支策略和受限 2-way 分支策略进行进一步对比实验，实验中用到的 VOH 是 dom/wdeg，实验平台设定在 Benchmarks 中 graph1、geo50.20.d4、domino-300-100、bqwh-15-106-7、composed-25-10、frb35-17-1-bis、scen4、scen5、graph14、qcp-order10 十类不同测试问题上，得到具体的实验对比结果，如图 3.4 所示。

结果表明，即使在同一种 VOH 下，不同的分支策略在不同实例上的表现也不尽相同。从 Kostas Stergiou 对大量问题的实验结果分析，总体来讲应该是受限 2-way 分支策略胜出。但当用到这十类特定问题时，可以看到：时而 2-way 分支策略胜出，时而受限 2-way 分支策略胜出，时而两者持平。换言之，针对特定结构的问题，使用同一种分支策略，并不能使约束求解的效率达到最佳状态。因此，考虑针对不同的特定结构，在搜索的不同位置选择更合适的分支策略，即自适应地选择分支策略。实现的基本思想是根据具体问题的结构将不同分支策略组合到一起，借助于启发式和传播函数，达到压缩搜索空间的目的，进而提高求解效率。

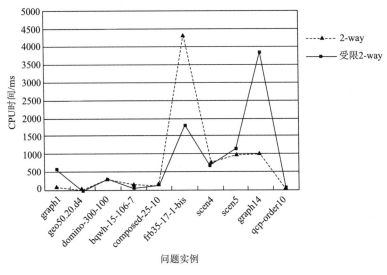

图 3.4　两种分支策略的比较

3.3　自适应分支策略

3.3.1　完全 2-way 分支策略和受限 2-way 分支策略间的自适应

在 2-way 分支策略或 d-way 分支策略这些单一的分支策略下，经常遇到的一个问题是：VOH 在搜索中的某点做出错误决定，进而引导搜索向错误的方向前进，产生许多不在解路径上的冗余结点，从根本上影响约束求解效率。而且这种做出错误决定的可能性在遇到"结"或一系列成绩非常接近的"最优变量"时会变得更大。因此，找到一类能降低错误决定可能性的策略变得尤为重要。

Kostas Stergiou 通过实验证实了当使用不同的 VOH 时，2-way 分支策略和 d-way 分支策略显示出的有效程度也是不同的。基于不同分支策略的不同表现，能否实现在搜索的不同位置总能选择最合适的分支策略呢？答案是肯定的。以这种方式实现的分支策略便是自适应分支策略。

到目前为止，对自适应分支约束求解方法的研究相对较少，主要方法是在启发式的指导下在多种分支策略之间切换。有了启发式的指导，这种方法会尽全力为某位置选择一个启发式认为最好的分支策略，只要启发式能把握好问题结构并准确反映出问题结构的特点，则选择的分支策略必定是最适合这个位置的，相应地，做出错误决定的可能性便会降低。

在现有自适应约束求解方法中，最典型的自适应分支约束求解策略则是 Stergiou 在充分研究了不同分支策略的不同表现基础上提出的[32]。此自适应策略的基本思想是在搜索中的某些位置应用两个自适应分支启发式，并根据启发式的决定在完全 2-way 分支策略和受限 2-way 分支策略间切换选择（受限 2-way 分支策略和完全 2-way 分支策略的不同之处在于回溯之后是选择当前变量的其他值还是选择其他变量的某个值），即根据当前特定问题结构，找到最适合当前位置的分支策略，从而降低错误决定的可能性，从根本上实现自适应分支选择。这两个自适应分支启发式分别为 $H_{sdiff}(e)$ 分值差异启发式和 $H_{cadv}(VOH_2)$ 补充辅助顾问启发式，工作原理分别如下。

$H_{sdiff}(e)$ 分值差异启发式（以下简记为 H_1）：假如当前变量是 x，且 VOH 建议选择另外一个变量 y，只有当 $|score(y) - score(x)| > e$ 时接受这个建议。其中，$score(x)$ 和 $score(y)$ 是 VOH 分配给变量 x 和 y 的值，而 e 是一个可以变化的阈值。

$H_{cadv}(VOH_2)$ 补充辅助顾问启发式（以下简记为 H_2）：假如当前变量是 x，且算法使用的主 VOH（VOH_1）建议选择另一个变量 y，仅当辅助 VOH（VOH_2）也认为 y 好时，即，$scoreVOH_2(y) > scoreVOH_2(x)$ 时接受这个建议。其中，$scoreVOH_2(x)$ 和 $scoreVOH_2(y)$ 是 VOH_2 分配给变量 x 和 y 的启发式值。

可以利用上述两种分支启发式中的一种或两种来引导整个自适应分支选择过程，为方便起见，将两种启发式的合取和析取形式分别简记为 $H^\wedge$ 和 $H^\vee$。特别强调一点，参数 e 和 VOH_2 的变化会引起约束求解效率的变化，这给科研人员提供了研究契机。

为说明自适应分支策略的优势，下面举一个采用自适应分支启发式 $H_{sdiff}(e)$ 指导整个约束求解过程的例子。

【例 3.1】　对于图 3.5 中的约束网络 P，$X=\{X_1, X_2, X_3, X_4, X_5\}$；变量的各个论域为 $D(X_1)= D(X_2)= D(X_3)= D(X_4)=\{0, 3, 1, 2\}$，$D(X_5)= \{0, 1, 2, 3\}$；$C_0$、$C_1$、$C_2$、$C_3$、$C_4$、$C_5$ 是各变量间的约束关系。

约束网络 P 的一个受限 2-way 分支策略求解过程如图 3.6（a）所示。很明显，在 $X_1=0$ 的前提下进行约束传播导致域空（domain wipe out, DWO）后，它将 $X_1 \neq 0$ 分支的选择限定为当前变量 X_1 的其他值（本质上属于受限 2-way 分支策略），因此选择的 X_1 的下一个值 3 进行实例化，进而又导致了一次 DWO，引发回溯（在自适应分支策略的指导下这步是冗余的），然后在 $X_1 \neq 3$ 的分支下，将选择限定为 X_1 的下一个值 1 进行实例化，逐步得到了一个解。

然而，如果使用自适应分支启发式 $H_{sdiff}(e)$ 来引导整个约束求解过程，配合运用的 VOH 为 dom/wdeg，并且将 e 设为 0.1，则得到图 3.6（b）的自适应分支约束求解过程。初始时将各约束的权值（wdeg）都置成 1，过程中，在 $X_1=0$ 的前提下进行约束传播，检查 C_5 导致 DWO 后，将 C_5 的 wdeg 加 1，变量 X_1、X_4 的域缩减为 $\{3, 1, 2\}$，X_5 的域缩减为 $\{1, 2, 3\}$。比较 dom/wdeg 的值，发现 X_5 的为 3/4，X_1 的为 3/3，很明显，VOH 觉得选择 X_5 会更好些。那么，是否接受 VOH 的建议呢？启发式 $H_{sdiff}(e)$ 开始发挥作用。它通过判断 $|3/4-3/3| > 0.1$ 成立，决定接受 VOH 的

建议，从而选择 X_5 为下一步实例化的对象（本质上属于完全 2-way 分支策略），很明显省去了 X_1=3 的冗余分支，然后无回溯地找到一个解。

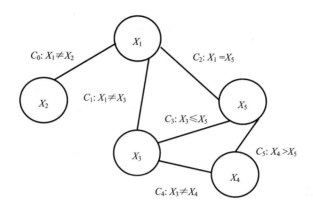

图 3.5　约束网络 P 举例

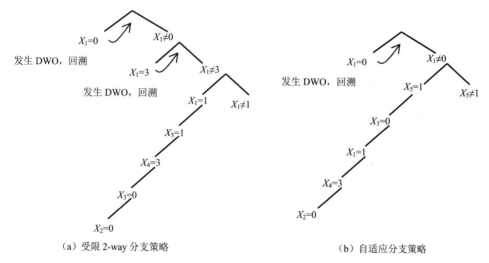

（a）受限 2-way 分支策略　　　　　　　　　（b）自适应分支策略

图 3.6　受限 2-way 分支策略和自适应分支策略比较

显然这种情况下自适应分支策略起到主要作用，在 $X_1 \neq 0$ 的位置未将选择限定为当前变量 X_1，进行冗余的搜索，而是自适应地选择完全 2-way 分支策略，选取不同于 X_1 的其他变量 X_5 进行实例化，最终省去了冗余结点的探查工作。

3.3.2　实验评测

从例 3.1 可以看出，自适应分支策略毫无疑问能够提高约束求解的效率。但为避免以偏概全，笔者所在研究小组在标准测试库 Benchmarks 中选择多类测试用例进一步验证自适应分支策略的优势。实验中，将几种自适应分支策略与标准分支策略各自引导的求解过程做对比，记录 CPU 运行时间（time）、约束检查次数（#ccks）和搜索树生成结点数（#nodes）三项技术指标作为评测标准。评测对象分别是 2-way 分支策略、受限 2-way 分支策略，以及由自适应分支启发式 H_1 和 H_2 及其合取、析取演变形式（$H^\wedge$ 和 $H^\vee$）引导的自适应分支策略，得到如表 3.1 所示的实验结果（time 的单位是 ms）。

表3.1　自适应分支策略与标准分支策略的对比

实例	技术指标	2-way	受限 2-way	H_1	H_2	$H^\wedge$	$H^\vee$
composed-25-10-20-5	time	47	63	**31**	32	46	32
	#ccks	44550	44550	40914	40066	44550	39819
	#nodes	339	339	310	292	339	290
composed-25-10-20-7	time	**31**	47	32	32	47	**31**
	#ccks	21426	21359	21359	21784	21426	21754
	#nodes	154	151	153	156	154	156
bqwh-15-106-3	time	1188	1031	**938**	969	**938**	953
	#ccks	601714	551969	575169	565715	601714	575169
	#nodes	6492	5753	6533	6784	6492	6533
bqwh-15-106-4	time	188	78	78	78	**62**	93
	#ccks	32900	32900	32900	43630	32900	43630
	#nodes	518	518	536	739	518	743
bqwh-15-106-7	time	156	47	**31**	**31**	**31**	47
	#ccks	18794	18794	18794	18794	18794	18794
	#nodes	281	281	290	290	281	290
domino-100-100	time	47	63	**46**	47	47	62
	#ccks	19900	19900	19900	19900	19900	19900
	#nodes	100	100	100	100	100	100
graph14	time	1000	3828	985	1000	985	**984**
	#ccks	653452	653452	653452	653452	653452	653452
	#nodes	916	916	916	916	916	916

　　表中后四列是运用了四种自适应分支启发式引导的分支策略的求解数据，第三、四列是单独使用 2-way 分支策略和受限 2-way 分支策略的求解数据。从表中可以看出，自适应分支策略总是趋向选择效果好的分支策略，进而提高整个约束求解算法的效率，有些情况甚至比标准分支策略中优胜者的效率更高，而导致效率提高的根源则是自适应分支启发式的合理运用。进一步分析实验结果：从技术指标 time 上看，各个实例求解的最优值（time 的最优值均加粗显示）都出现在后四列数据栏中，这说明，在运行时间上，自适应分支策略明显总体优于单独的标准分支策略，原因是自适应分支策略能够根据当前测试问题的特点，

适应性地选择更合适的分支策略来指导整个搜索过程，从而在根本上提高约束求解的效率。

此外，虽然另外两项技术指标#ccks 和#nodes 的最优值并未完全出现在自适应分支策略四列中，但这两项参数只起到辅助评测作用，评测效率提高与否的关键参数还在于运行时间上。而且，在搜索树生成结点数多的情况下，可能约束检查次数少了，从而致使 CPU 运行时间相应减少，如实例 bqwh-15-106-3 中在 H_1 引导的求解过程下，#nodes 值为 6533，多于 2-way 分支策略中的 6492，但其#ccks 值 575169 却远远少于 2-way 分支策略中的 601714，最终 time 上的对应值，H_1 引导的自适应分支策略也明显占优势。

总之，综合考虑各项技术指标，可以得出结论：自适应分支策略对约束求解效率的提高有着举足轻重的影响。

3.4　自适应分支策略的改进

3.4.1　辅助顾问启发式的改进

现今，自适应约束求解算法是人工智能领域的研究热点，而自适应分支是实现自适应约束求解的重要手段之一。大量研究表明：将自适应分支启发式用于经典约束求解算法，能够显著提高求解效率。本节在新近提出的自适应分支启发式基础上，引入多种辅助顾问进行改进，意在为自适应分支约束求解找到更合适的辅助顾问，从而进一步提高约束求解效率。在标准测试库 Benchmarks 上进行充分对比实验之后，实验结果表明：改进后的以 dom/alldel 和 dom/ddeg 为辅助顾问的自适应分支启发式在约束求解效率上明显优于已有的以 wdeg 为辅助顾问的情况。

1. 背景知识

CSP 作为人工智能研究领域的热点问题，自提出以来受到了研究者的广泛关注[10, 11, 15]。CSP 研究的核心是高效的约束求解算法，自适应分支约束求解是实现自适应约束求解的重要手段之一。传统的求解模式是回溯搜索与约束传播相结合。搜索过程是基于分支策略，并由 VOH 和 V-O-H 引导。为在求解效率改进方面取得更大突破，众多研究者在传统求解模式基础上，引入"自适应"[124, 125]的概念，研究出一系列高效的具有自适应特征的约束求解算法。代表实例有：2002 年，Epstein 等提出基于顾问的自适应约束求解基本框架并构建相应求解引擎[24]；2008 年，Stergiou 给出一系列自适应约束传播启发式策略[31]；2008 年，Schulte 和 Stuckey 给出了一个高效的自适应约束传播引擎，其核心思想是对约束传播进行追踪并根据历史记录进行学习，从而为后续传播选择最适合的一种（或几种）约束传播方法[68]；2010 年，Balafoutis 和 Stergiou 首次提出自适应分支的概念，并给出主启发式与辅助顾问相结合的约束求解算法[32]。

自适应分支求解算法是在搜索中的某位置，根据条件选择更合适的分支策略配合 VOH、V-O-H 进行约束传播，其中根据特定条件选择不同分支方式的策略即为自适应分支策略。自适应分支策略中使用的最具代表性的启发式是 $H_{sdiff}(e)$ 和 $H_{cadv}(VOH_2)$，二者经常一起合取或析取应用。其中，前者的阈值 e 是可调节的，后者的辅助顾问 VOH_2 可选择从静态 VOH（dom）[109, 119]到动态 VOH（dom/wdeg）[25, 26]一系列中任意一种具体的 VOH 策略。

本小节在 3.3 小节自适应分支策略与标准分支策略对比结果基础上，深入研究补充辅助顾问启发式 $H_{cadv}(VOH_2)$。主要引入多种辅助顾问 VOH_2 进行比对，意在为自适应分支约束求解找到更合适的辅助顾问，最终目的是进一步提高约束求解效率。由于辅助顾问 VOH_2 有多种具体的 VOH 策略可供选择，因此，需要具体分析各种 VOH_2 与主 VOH（dom/wdeg）的关系，重点考虑不同 VOH_2 的选择对约束求解效率的影响。深入研究后发现，原辅助顾问启发式 wdeg[25, 26]与主 VOH 关系十分接近，而启发式 dom/alldel[26]和 dom/ddeg[109]与主 VOH（dom/wdeg）差异较大，且有着良好效果，所以考虑分别将 dom/alldel 和 dom/ddeg 作为辅助顾问 VOH_2，并将其与主启发式相结合进行约束求解，着重研究以 dom/alldel 和 dom/ddeg 为辅助顾问的自适应分支启发式及其对约束求解效率的影响，并在 Benchmarks 的多个标准类实例上与以 wdeg 为辅助顾问的自适应分支启发式进行实验对比。结果表明，以 dom/alldel 和 dom/ddeg 为辅助顾问的自适应分支启发式引导的搜索过程在效率上明显优于以 wdeg 为辅助顾问的情况。

2. 基本概念及理论依据

（1）基本概念

变量 x_i 的度（degree，简记为 deg），是所有包含变量 x_i 的约束的个数。

变量 x_i 的动态度（dynamic degree，简记为 ddeg），是所有包含变量 x_i 的约束的个数，并且要求这些约束必须至少包含一个不同于 x_i 的未实例化的变量。

约束的权重（weight）基于最先失败（fail-first）原则[126]，为每个约束分配一个权值，初始设置为 1，每次约束引发一个冲突（如一次变量域空 DWO），它的权值就增加 1。每个变量都与一个权度相关，变量 x_i 的权度（weight degree，简记为 wdeg），是所有包含变量 x_i 的约束权重之和，这些约束必须至少包含一个不同于 x_i 的未实例化的变量。

搜索过程是在分支策略的基础上由变量和 V-O-H 引导的，典型的 VOH 包括 dom、dom/deg[109,126]、dom/ddeg、wdeg、dom/wdeg、dom/alldel 等。其中，dom 按变量论域大小的升序排列变量，dom/deg 按变量论域大小与度比值的升序排列变量，dom/ddeg 按变量论域大小与动态度比值的升序排列变量，wdeg、dom/wdeg、dom/alldel 是典型的加权启发式，这类启发式通过统计实际失败的次数估计引发失败的可能性，wdeg 是按所有包含变量 x_i 约束的权重之和的降序排列变量，dom/wdeg 是一个首先选择现有论域大小与现有权度的最小比值的启发式。alldel[26] 是每当约束传播中论域的大小缩减，相关约束的权值都增加 1 的一种统计方法。相应地，dom/alldel 则为一种首先选择现有论域大小与现有 alldel 值的比值最小的启发式。在众多启发式中，dom/ddeg 虽然不是最有效的，但却是潜力最大的，dom/wdeg、dom/alldel 以其基于冲突的特性，更受到研究者的广泛关注，尤其是 dom/wdeg 以其良好性能得到研究者的特别推崇。在后文中，辅助顾问启发式中的主 VOH 默认使用的都是 dom/wdeg。

（2）理论依据

在 $H_{cadv}(VOH_2)$ 补充辅助顾问启发式中，不同的辅助顾问 VOH_2 会导致不同的分支选择，进而得到不同的约束求解效率。正是由于辅助顾问 VOH_2 有多种具体的 VOH 策略可供选择，因此，对 VOH_2 的研究尤为重要。原辅助顾问启发式 wdeg 与主 VOH（dom/wdeg）关系十分接近，从两者的决定很容易得出相近的结论，即对错误分支的判断也很容易一致，而启发式 dom/alldel 和 dom/ddeg 与主 VOH（dom/wdeg）差异较大且有着良好效果，如果得出的结论和主 VOH 一致，则选择正确分支的可能性必然会增加，随之求解效率必然会提高。反之，主 VOH 和辅助顾问意见不统一，则说明在分支选择上出现歧义，需要进一步斟酌。所以将 dom/alldel 和 dom/ddeg 作为辅助顾问 VOH_2 进行研究，意义深远。

由于笔者所在研究团队还研究了 $H_{cadv}(VOH_2)$ 与 $H_{sdiff}(e)$ 的结合，因此对两种启发式的默认参数进行设置。受 Balafoutis 和 Stergion 实验结果启发，在 $H_{sdiff}(e)$ 中，VOH 采用 dom/wdeg，e 取值 0.1（此时启发式效果更好）；$H_{cadv}(VOH_2)$ 中主 VOH 设置为 dom/wdeg。两个启发式可合取或析取应用，这时当 $H_{sdiff}(e)$ 和 $H_{cadv}(VOH_2)$ 两个（或至少一个）条件满足时，就接受选择 x 之外另一个变量的建议。下面算法中采用的自适应分支策略仍然是在完全 2-way 分支策略和受限 2-way 分支策略之间切换的策略。

3. 基于辅助顾问的自适应分支约束求解算法

基于辅助顾问的自适应分支约束求解算法中，维持弧相容（maintaining arc consistency，MAC）过程[127] 的基本原则是：只要还有未实例化的变量，就根据 SELECT_VAR 函数选择一个变量，并为其选择一个值进行实例化。在此，MAC 算法的主框架略去不讲，只介绍其中的 SELECT_VAR 函数，因为它对应于基于辅助顾问的自适应分支约束求解算法中的自适应分支选择部分，是这种自适应分支策略的具体实现，因而在整个 MAC 过程中尤为重要。SELECT_VAR 函数的框架描述如图 3.7 所示。

```
SELECT_VAR (Free_variables, Restricted_or_Not)
1. begin
2.   if (not Restricted_or_Not)
3.      return dom_wdeg (Free_variables);
4.   else
5.      Xᵢ←dom_wdeg (Free_variables);
6.      if (Xᵢ == cur_var)
7.         return Xᵢ;
8.      else
9.      if (score (Xᵢ)-score (cur_var) > 0.1 )
10.             h₁←TRUE;
11.     else
12.             h₁←FALSE;
13.     if (scoreVOH₂(Xᵢ) > scoreVOH₂(cur_var))
14.             h₂←TRUE;
15.     else
16.             h₂←FALSE;
17.     switch Heuristic_user_choice:
18.        case H_sdiff(e): if ( h₁ ) return Xᵢ;
19.                         else return cur_var;
20.        case H_cadv(VOH₂): if (h₂) return Xᵢ;
21.                         else return cur_var;
22.        case H_sdiff(e) ^H_cadv(VOH₂): if (h₁ & h₂) return Xᵢ;
23.                         else return cur_var;
24.        case H_sdiff(e) ∨H_cadv(VOH₂): if(h₁ | h₂) return Xᵢ;
25.                         else return cur_var;
26. end
```

图 3.7　变量选择过程

　　由于需要区分完全 2-way 分支策略和受限 2-way 分支策略，而这两种策略的区别仅在于下一个实例化的变量改变与否，所以用布尔变量 Restricted_or_Not（第 2 行）作为是否需要判断限定分支的标志变量，其值为真表示下一次需要判断是否限定分支，为假则不需要。Free_variables（第 3 行、第 5 行）是未实例化的变量。在选择变量时，主要考虑的是 Restricted_or_Not 的值。在其值为真的前提下，需要判定是否限定分支，判定的依据是 $H_{sdiff}(e)$ 和 $H_{cadv}(VOH_2)$ 两种自适应分支启发式的满足情况，并根据判定结果选择合适的变量作为下一个实例化对象，cur_var 为当前变量。这部分工作主要集中在 $H_{cadv}(VOH_2)$ 启发式上，具体判定条件在第 13 行，它基于第 5 行主 VOH（dom/wdeg）返回的结果继续判断，其中的 VOH_2 则为重点研究的辅助顾问，在搜索过程中，根据它的启发式值给出辅助性的建议。当辅助顾问为 wdeg，则根据 $scorewdeg(X_i)$ 的值进行判断；同理，当辅助顾问是 dom/alldel 和 dom/ddeg 时，判断的依据则分别是 $scoredom/alldel\ (X_i)$ 和

scoredom/ddeg(X_i)，将它们的值与 cur_var 对应值进行比较，仅当辅助顾问和主 VOH 决定一致时（即都觉得选择另外一个变量 X_i 更好时）才选择另外一个变量 X_i 向更有利于加速求解的分支搜索。

自适应分支策略总是趋向选择效果好的分支策略，进而提高整个约束求解算法的效率，有些情况甚至比标准分支策略中的优胜者的效率更高，而导致效率提高的根源则是自适应分支启发式的合理运用。基于辅助顾问自适应分支启发式的约束求解算法在效率上的优势可以从表 3.1 中可知，需要补充说明的是，在使用 $H_{sdiff}(e)$ 时，必须对 e 值做出简单评测，只有选用恰当的 e 值才会使 $H_{sdiff}(e)$ 发挥应有的效果。e 值的评测必定会造成时间和空间的浪费，所以无此部分开销的 $H_{cadv}(VOH_2)$ 在使用上凸显出其独到的优势。

4. 补充辅助顾问启发式的改进

鉴于自适应分支启发式对提高约束求解效率本质上的影响，不同自适应启发式及其参数的变换研究显得尤为重要。$H_{sdiff}(e)$ 和 $H_{cadv}(VOH_2)$ 两个启发式可以结合任意 VOH 及回溯搜索算法。然而，$H_{sdiff}(e)$ 需要对 e 值进行合适的调节，因此需要一定的测试。相反，$H_{cadv}(VOH_2)$ 不需要任何调节，可用任意 VOH_2 作为辅助顾问，但不同的辅助顾问对算法的效率影响不同。

文献[32]对自适应分支启发式 $H_{sdiff}(e)$ 中 e 的调节进行了讨论，然而，并没有对 $H_{cadv}(VOH_2)$ 中的辅助顾问 VOH_2 进行广泛实验。考虑到实验中使用的辅助顾问 wdeg 与主 VOH（dom/wdeg）非常类似，进而探索其他不同的辅助顾问。因此，要选择与主 VOH 差异较大，且性能良好的启发式成为研究的主要目标，这里将研究对象锁定为启发式 dom/alldel 和 dom/ddeg。

在算法的改进中，分别将 VOH_2 改进成 dom/alldel 和 dom/ddeg 作为辅助主 VOH 做出决定的顾问。实验主要将以 dom/alldel 和 dom/ddeg 为辅助顾问的自适应分支启发式引导的搜索过程与以 wdeg 为辅助顾问的情况在效率上进行对比，并在标准测试库 Benchmarks 中的多个标准实例类上进行实际测试，目的是观察三种辅助顾问对自适应约束求解算法的影响。实验是在 AMD Athlon(tm)64×2 双核处理器 3600 的 DELL 机上完成的，主频为 1.90 GHz，内存为 1.00 GB，操作系统为 Microsoft Windows XP Professional，测试环境为 Microsoft Visual Studio 2008。考察 CPU 运行时间、约束检查次数和搜索树生成结点数三项技术指标。CPU 时间单位为 ms，约束检查次数记为#ccks，搜索树生成结点数记为#nodes。

首先，在自适应分支启发式 $H_{cadv}(VOH_2)$ 中，将辅助顾问 VOH_2 改进成 dom/alldel 和 dom/ddeg，再与原始情况下以 wdeg 为辅助顾问的情况做对比，三种辅助顾问对应的自适应约束求解算法在 CPU 运行时间上得到的实验结果如表 3.2 所示。实验测试平台为 Benchmarks 中 driver、frb30-15、geom、bqwh18_141、QWH-10、hanoi 和 rlfapModGraphs 七个问题类。表中最好情况均加粗显示，此外，

1ms 以下的时间均近似取为 0。从表 3.2 中可以看出，利用 dom/alldel 和 dom/ddeg 为辅助顾问时效率普遍要高于以 wdeg 为辅助顾问的情况，如 frb30-15-5-bis 中 625 比较于 328 和 109、bqwh-18-141-31 中 1000 相比于 250 和 297、graph14_f27 中 12422 对比 2125 和 3031 等，改变了辅助顾问之后，这些效率都有明显的提高。尤其需要指出的是，有很多问题实例在变换辅助顾问后，求解效率有大幅度的提高，例如 frb30-15-1-bis 和 qwh-order10-holes57- balanced-219-QWH-10 等问题的求解效率提高了 6～8 倍，特别是实例 geo50.20.d4.75.22，以 dom/ddeg 为辅助顾问时效率比以 wdeg 为辅助顾问时提高了近 17 倍（15 和 250）。

表3.2　H_2上变换三种辅助顾问CPU运行时间对比　　　　　　单位：ms

问题实例	H_2+wdeg	H_2+dom/alldel	H_2+dom/ddeg
driverlogw-09-sat_ext	33078	31812	31359
driverlogw-04c-sat_ext	422	328	344
driverlogw-08cc-sat_ext	11812	11281	10906
frb30-15-5-bis	625	328	109
frb30-15-1-bis	578	110	78
frb30-15-2-bis	2031	1750	516
geo50.20.d4.75.22	250	16	15
geo50.20.d4.75.23	46	15	0
bqwh-18-141-35	500	282	266
bqwh-18-141-31	1000	250	297
qwh-order10-holes57-balanced-5-QWH-10	16	0	15
qwh-order10-holes57-balanced-4-QWH-10	31	16	0
qwh-order10-holes57-balanced-54-QWH-10	32	16	16
qwh-order10-holes57-balanced-219-QWH-10	125	15	16
hanoi_5	16	15	15
graph14_f27	12422	2125	3031
graph2_f24	546	391	172
graph12_w0	406	375	359
graph13_w0	4312	641	719

究其原因，wdeg 和 dom/wdeg 都属于基于冲突驱动的启发式。启发式通过统计实际失败的次数来估计引发失败的可能性。这类启发式不仅利用了当前的状态信息（如当前论域的大小和当前变量的度），而且还兼顾了搜索前面的状态信息，将两者相结合来衡量冲突程度。wdeg 和 dom/wdeg 两种启发式都使用一个共同的信息 wdeg——变量的权度，因此两者考虑的内容很大程度上是相似的，而当它们分别作为主 VOH 和辅助顾问 VOH_2 指导自适应分支的走向时，经常会做出相同的

决定，进而使辅助顾问 VOH 起到的作用不明显。dom/alldel 虽然也属于基于冲突驱动的启发式，但其除了变量论域之外主要依赖的是 alldel，即每当约束传播中论域的大小缩减，相关约束的权值都增加 1 的统计方式，它与 wdeg 有着基本的差别，因此将其作为辅助顾问相比于 wdeg 更能反映出其他一些隐含信息，辅助顾问的作用也随之凸显出来。至于 dom/ddeg，它是按变量论域大小与动态度比值的升序排列变量的，与基于冲突驱动的启发式有着本质的区别，它并不考虑 wdeg 的权度信息，而是考虑动态度的信息，即辅助顾问是从另一个角度来指导分支的。因此如果得出的结论和主 VOH 一致，则选择正确分支的可能性必然会增加，随之求解效率必然会提高；反之，主 VOH 和辅助顾问意见不统一，则说明在分支选择上出现歧义，需要进一步斟酌。综上所述，dom/alldel 和 dom/ddeg 作为辅助顾问 VOH₂ 时必然会得到约束求解效率的提升。

另外，在新研究的两种辅助顾问 dom/alldel 和 dom/ddeg 中，以 dom/ddeg 为辅助顾问求解 CSP 的整体效率要强于以 dom/alldel 为辅助顾问的情况，这是因为，dom/ddeg 与主 VOH 差异较大，两者建议的综合考虑能更好地反映出分支选择的动态，进而更准确地把握适合的分支策略，从根本上提高约束求解的效率。dom/alldel 与 dom/wdeg 在本质上均属于基于冲突的加权启发式，两者关系较近，所以在选择分支策略时有时会很相近，因而效率稍逊，但相比于以 wdeg 为辅助顾问的情况还是有大幅度的提高。

接下来的实验在另外两种自适应分支启发式 H^ 和 H^∨ 上展开。在这两种启发式上分别使用 wdeg、dom/alldel 和 dom/ddeg 三种启发式作为辅助顾问，约束求解在 CPU 运行时间上的实验对比结果如表 3.3 和表 3.4 所示。

表3.3　H^ 上变换三种辅助顾问CPU运行时间对比　　　　　单位：ms

问题实例	H^+wdeg	H^+dom/alldel	H^+dom/ddeg
driverlogw-09-sat_ext	37515	35578	34797
driverlogw-02c-sat_ext	17219	16281	16594
driverlogw-04c-sat_ext	1406	1187	1016
frb30-15-5-bis	562	281	281
frb30-15-1-bis	500	78	78
frb30-15-4-bis	1265	422	422
qcp-order10-holes67-balanced-5-QWH-10	16	15	15
qcp-order10-holes67-balanced-267-QWH-10	32	31	31
geo50.20.d4.75.22	172	15	15
geo50.20.d4.75.23	47	16	16
bqwh-18-141-35	531	296	266
bqwh-18-141-31	984	297	297

续表

问题实例	$H^\wedge$+wdeg	$H^\wedge$+dom/alldel	$H^\wedge$+dom/ddeg
qwh-order10-holes57-balanced-5-QWH-10	31	16	0
qwh-order10-holes57-balanced-4-QWH-10	32	0	0
qwh-order10-holes57-balanced-35-QWH-10	16	0	0
qwh-order10-holes57-balanced-219-QWH-10	109	16	16
graph14_f27	3265	2235	2797
graph2_f24	672	250	172
graph12_w0	469	406	375

表3.4　$H^\vee$上变换三种辅助顾问CPU运行时间对比　　　　单位：ms

问题实例	$H^\vee$+wdeg	$H^\vee$+dom/alldel	$H^\vee$+dom/ddeg
driverlogw-09-sat_ext	199937	167891	160610
driverlogw-02c-sat_ext	27000	23828	24188
driverlogw-08cc-sat_ext	14031	12828	12500
driverlogw-04c-sat_ext	1719	1235	1609
frb30-15-5-bis	640	109	78
frb30-15-1-bis	953	109	94
frb30-15-2-bis	1828	1657	593
frb30-15-4-bis	1094	391	391
qcp-order10-holes67-balanced-5-QWH-10	16	15	0
qcp-order10-holes67-balanced-17-QWH-10	16	15	0
geo50.20.d4.75.22	250	15	15
geo50.20.d4.75.23	47	15	15
bqwh-18-141-35	532	266	312
bqwh-18-141-31	1031	250	265
qwh-order10-holes57-balanced-5-QWH-10	31	16	0
qwh-order10-holes57-balanced-1-QWH-10	32	0	16
qwh-order10-holes57-balanced-54-QWH-10	31	16	16
qwh-order10-holes57-balanced-219-QWH-10	140	16	15
graph14_f27	6031	2157	3219
graph12_w0	406	390	391

从表 3.3 中可以看出，改进了辅助顾问之后，效率上的提高非常明显。dom/alldel 和 dom/ddeg 两种新的辅助顾问之间不分伯仲。表 3.4 中是针对两种新的辅助顾问而选取的实例，从对这些实例的测试结果可以看出，改进了辅助顾问之后，新的自适应约束求解算法效率的提高幅度依旧很明显，而 dom/alldel 和 dom/ddeg 两种新的辅助顾问之间相比较，还是后者要略胜一筹。

为进一步验证 dom/alldel 和 dom/ddeg 两种新辅助顾问的优势，实验围绕约束检查次数和搜索树生成结点数其他两项技术指标展开。图 3.8～图 3.10 分别是改进辅助顾问之后的自适应分支启发式与原辅助顾问自适应分支启发式的实验对比结果。图中三种曲线分别对应三种辅助顾问 wdeg、dom/alldel 和 dom/ddeg。

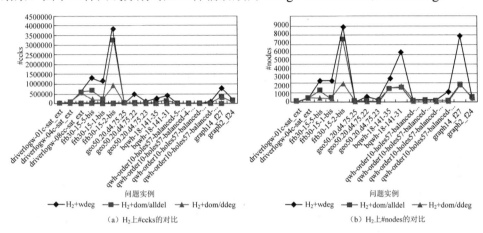

图 3.8　H_2 上变换三种辅助顾问的约束检查次数及搜索树生成结点数对比

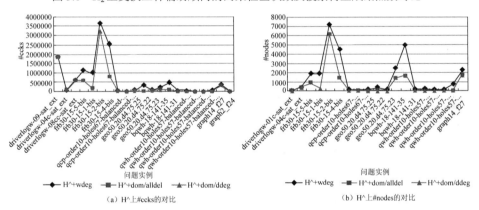

图 3.9　$H^{\wedge}$ 上变换三种辅助顾问的约束检查次数及搜索树生成结点数对比

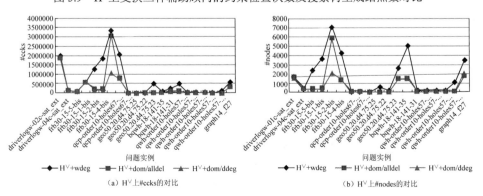

图 3.10　$H^{\vee}$ 上变换三种辅助顾问的约束检查次数及搜索树生成结点数对比

　　从图 3.8~图 3.10 中可以看出改进的以 dom/alldel 和 dom/ddeg 为辅助顾问的自适应约束求解算法对应的约束检查次数和搜索树生成结点数曲线几乎都在以 wdeg 为辅助顾问的曲线下方（或部分结点重合），即改进之后求解算法的这两项技术指标都低于改进前的情况，其优势非常明显。原因很简单，辅助顾问在自适应约束求解算法中发挥了良好的作用，能够准确判断出当前更适合的分支策略，进而减少了冗余分支的访问，约束检查次数和搜索树生成结点数自然会降低。而且注意到一个特例，对于启发式 H^，在辅助顾问为 dom/alldel 和 dom/ddeg 两种情况下，约束检查次数和搜索树生成结点数对应的曲线是重合的，原因是在这种自适应分支启发式下，dom/alldel 和 dom/ddeg 两种辅助顾问对主变量排序启发式 dom/wdeg 的影响是一致的，因而，约束检查次数和搜索树生成结点数相同，重合于图上。

　　综上所述，综合时间开销、约束检查次数及搜索树生成结点数三项技术指标的实验结果得出结论：改进后的以 dom/alldel 和 dom/ddeg 为辅助顾问的自适应约束求解算法明显优于以 wdeg 为辅助顾问的约束求解算法。

　　本小节在三种自适应分支启发式上改进补充辅助顾问，得到不同的基于辅助顾问的自适应约束求解算法。为比较改进前后辅助顾问对最终求解效率的影响，在标准测试库 Benchmarks 中的 bqwh18_141、hanoi、rlfapModGraphs、qwh-10、geom、qcp-10、frb30-15、driver 八类问题实例上展开实验，考察了 CPU 运行时间、约束检查次数和搜索树生成结点数三项经典技术指标。实验结果清晰表明：改进后的以 dom/alldel 和 dom/ddeg 为辅助顾问的自适应分支启发式引导的约束求解算法在总体效率上远远超过改进前的以 wdeg 为辅助顾问的情况。进而得出结论：为自适应分支启发式选择一个合适的辅助顾问能够进一步提升约束求解算法的效率。未来工作将更深层次研究自适应约束求解启发式中的参数设置及在动态 CSP 中的应用[128]。

3.4.2　AdaptBranch^{LVO} 自适应分支求解算法

　　当前，自适应分支策略是自适应约束求解方法的一项重要研究内容。在经典约束求解算法基础上，引入自适应分支策略，能够显著提高求解效率。本部分基于新近提出的自适应分支约束求解框架，结合 Look-ahead[129]（向前看）值排序启发式（look-ahead value ordering，LVO），提出一种新的约束求解算法 AdaptBranch^{LVO}。为验证算法效率，在标准测试库 Benchmarks 中进行了充分对比实验。结果表明，新提出的算法在效率上明显优于已有的自适应分支求解算法。

　　1. 背景知识

　　CSP 中完整的搜索算法是典型的基于深度优先搜索回溯的，其中搜索中分支的决定（如变量分配）是和约束传播交替进行的。当前，在 CSP 的回溯搜索中，搜索的分支选择有多种策略，其中 2-way 分支策略和 d-way 分支策略是两种最标准的分支策略。这两种分支策略之间有两点不同。第一点，在 2-way 分支策略下，

如果将 a_i 分配给变量 x 的尝试失败了，则会马上传播从 $D(x)$ 中移去 a_i 的影响；而在 d-way 分支策略下，则会去尝试 $D(x)$ 中的下一个可用值 a_j。值得注意的是，a_j 的传播包括移去 a_i 的传播。第二点，在 2-way 分支策略中，在对应于 $x=a_i$ 的分配分支失败后，假设从 $D(x)$ 中移去 a_i 被成功传播，那么算法会根据 VOH 选择任意一个变量（而不一定是 x）所在分支去继续搜索；而在 d-way 分支策略中，如果 $x=a_i$ 的分配分支失败，那么算法必须选择变量 x 的下一个可用值继续搜索。介于这两种分支策略之间的策略是文献[32]中使用的 2-way 分支策略——受限 2-way 分支策略，其算法在成功传播 $D(x)$ 中 a_i 的移去之后，强制性地给 x 分配下一个可用值，它在某种程度上近似于 d-way 分支策略。

自适应分支策略对约束求解效率提高方面的影响，在某种程度上还有很大的潜力。尤其在确定实例化的变量后，值的选择顺序尤为重要。因此考虑将 V-O-H 嵌入到自适应分支策略中进一步改善约束求解效率，并继续开展实验进行验证。这里仍将改进平台设定在 3.3 小节所述的自适应分支策略上。由于值选择的顺序对约束求解效率有着重要的影响，而在对自适应策略的相关研究中，考虑值启发式对自适应分支策略的影响的研究成果颇少，另外，LVO 能够有效引导搜索到更可能成功的分支。因此，为进一步提高算法效率，将自适应分支策略与 LVO 相结合进行改进，提出一种新算法 AdaptBranch^{LVO}，该算法在自适应分支策略的基础上嵌入 LVO，在有效避免误用不合适分支策略的基础上，考虑到每个值对未来情况的影响，选择最有可能成为解一部分的值优先实例化，以更快求出最终解。在 sat 和 unsat 两大类问题的多个标准类实例上进行实验，结果表明，新提出算法 AdaptBranch^{LVO} 在效率上明显优于已有的自适应分支方法，即加入 LVO 的自适应分支求解方法效率有更大幅度的提高。

回溯搜索与约束传播的结合方法是求解 CSP 的经典方法。搜索过程是基于某种分支策略，并由变量和值排序启发式引导。在经典的 VOH 中，dom/wdeg 以其普适性及高效性受到研究者的广泛推崇。它是基于 fail-first 原则，为每个约束分配一个权值，初始权值设置为 1。每次约束引发一个冲突（如一次 DWO），它的权值就加 1。每个变量都与一个加权度相关，它是包含此变量和至少一个未实例化变量的所有约束的权值总和。dom 是现有论域的大小，dom/wdeg 启发式选择现有域大小与带权的度的比值最小的变量。在后文都默认使用 dom/wdeg 变量排序启发式。

值实例化的顺序对约束求解效率有着深刻的影响。搜索中 Look-ahead 是提高求解效率的关键技术，它能够在搜索中尽早导致失败结点产生，从而为变量排序提供有价值的信息。当一个 CSP 仅有很少的解时，多数时间经常浪费在找不到解的搜索空间的搜索分支上。为了最小化回溯次数，应该首先尝试那些更可能导致相容解的值。而且，即使被选择的值能成为解的一部分的可能性有轻微增大，都能对找到解的所需时间有本质上的影响。LVO 是基于 Look-ahead 的信息以及判定每个值和所有未来变量的值的兼容程度的反馈信息来为变量的值划分等级的一种启发式。虽然启发式不会一直准确地预知哪个值会是解路径上的一员，但却常常比无信息的值排序更准确。虽然在简单问题上 LVO 的开销通常要大些，但是在非常大型问题上的改善程度是很大的。另外，LVO 也常常会改善无解问题的回跳性能。LVO 和 forward checking 算法[119]中的 Look-ahead 属于同一类，因为 forward checking 会拒绝那些已判断出的不在解路径上的值，这在某种程度上也可以被看成是执行简单形式的值排序。就这一点而言，LVO 则改善了许多，因为它还对可能参与到解中的值进行排序。

当前，Look-ahead 技术已成功用于 V-O-H，特别是针对难解 CSP。典型 LVO[129]包括最小冲突启发式（min-conflicts，MC）、最大论域启发式（max-domain-size，MD）、加权最大论域启发式（weighted-max-domain-size，WMD）和论域大小分值启发式（point-domain-size，PDS）四种。其中，MC 是针对当前变量论域中每个值，考虑与当前变量相关的未实例化变量的论域中与这个值不相容的值的个数，并按个数的升序对当前变量的值排序。即总是优先选择冲突值最少的值；MD 是针对当前变量论域中每个值，考虑所有与当前变量相关的未实例化变量移去不相容值的剩余子论域，优先选择在未实例化变量中产生最大的最小剩余子论域的值；WMD 是 MD 的一个改进版本，目的是解决第三种启发式中当前变量论域中可能有几个值产生相同大小的剩余子论域集合而导致"结"的产生的问题。WMD 优先选择剩余更大子论域的值，这点和 MD 相似，只是打破"结"的方法不同。它是根据具有给定剩余子论域大小的未实例化变量的数目来打破"结"的；PDS 给当前变量论域中每个值打分。依据是所有与当前变量相关的未实例化变量移去不相容值的剩余子论域。优先选择具有最小总分的值。实验表明，MC 启发式是 LVO 启发式中效果最好的，所以选择它进一步实验。后文中提到的 LVO 均指 MC 启发式。

2. AdaptBranch^{LVO} 算法

基于 3.3 小节中自适应分支策略的良好效果，新算法仍然选在此分支策略上进行改进。其中的自适应分支启发式 $H_{sdiff}(e)$ 和 $H_{cadv}(VOH_2)$ 仍是重点使用的方法。两者的工作原理在此不再赘述。

本身基于自适应分支策略的求解算法已经在求解效率上有很大优势（见表 3.1），如果再从其他角度进一步改善求解效率，那么新的自适应分支求解算法自然会以更大优势胜出。新算法考虑到 LVO，借助它来达到进一步提高约束求解效率的目的。考虑到难求解 CSP 时，多数时间浪费在探查搜索空间不可能产生问题解的分支上。为减少不必要的回溯次数，应将选定值重点放在那些更可能导致相容解的值上。即使被选定值能成为解的一部分的可能性有微小的增加，都可能大幅度缩小寻找解的时间开销。因此探索利用在回跳+动态变量排序启发式（backjump+dynamic variable ordering heuristics，BJ+DVO）[130]中 Look-ahead 阶段收集到的信息改进 V-O-H 的方法，这便是 LVO 的出发点。在 3.3 小节自适应分支策略框架上，加入 LVO 启发式，根据 Look-ahead 得到的信息为当前论域中的值划分等级。随即当前变量则用最高级别的值实例化。得到的算法是 AdaptBranch^{LVO}，其 MAC 过程的框架描述如图 3.11 所示。

MAC (*P(X, D, C)*)

1. **begin**
2. Restricted_or_Not←**FALSE**;
3. **if** (not AC_consistency(*P*)) **then return** no_solution;
4. Free_variables←*X*;
5. an empty stack Solution_Stack for solution;
6. **while** (Free_variables not empty) **do**
7.   *X$_i$*←SELECT_VAR (Free_variables, Restricted_or_Not);
8.   Restricted_or_Not←**FALSE**;
9.   **select a value a_i from current domain of X_i using LVO**;
10.   **if** (AC_consistency (X_i=a$_i$)) **then**
11.   Solution_Stack.push (X_i, a_i);
12.   delete X_i From Free_variables;
13.   **else**
14.   **while** (not AC_consistency (X_i≠a_i)) **then**
15.   **if** (Solution_Stack is not empty) **then**
16.   (X_i, a_i)← Solution_Stack.pop ();
17.   **else**
18.   **return** no_solution;
19.   Backtrack (X_i, a_i);
20.   Free_variables←Free_variables∪X_i;
21.   **end**
22.   Restricted_or_Not←**TRUE**;
23.   cur_var←X_i;
24.   **end**
25.   **return** solution;
26. **end**

图 3.11 MAC 过程的框架描述

由于 AdaptBranch^{LVO} 是在 3.3 小节的自适应分支策略上改进的，而这种自适应分支策略是在完全 2-way 分支策略和受限 2-way 分支策略之间切换实现的，所以需要弄清楚两种分支策略之间的差别。这两种分支策略的区别仅在于下一个实例化的变量改变与否，也就是说，如果下一个实例化的变量改变，对应选择的是完全 2-way 分支策略；而如果下一个实例化的变量保持不变，则对应选择的是受限 2-way 分支策略。因此，需要设定一个布尔变量 Restricted_or_Not（第 2 行）作为是否需要判断限定分支的标识变量，其值为真表示下一次需要判断是否限定分支，反之则不需要判断，初始情况下置为假。AdaptBranch^{LVO} 算法的 MAC 过程为，只要还有未实例化的变量，就根据 SELECT_VAR 函数（下面详述）选择出一个变量（第 7 行），并按 LVO 为其选择一个值（第 9 行）进行实例化。因此，需要设置一个变量 Free_variables（第 4 行）来存放未实例化的变量，只要 Free_variables 非空，就说明还有未被实例化的变量，相应地，解的寻找过程便未结束。此外，Solution_Stack（第 5 行）为存储解的动态堆栈。

　　新算法的主要特色在自适应分支策略和 LVO 的配合上，自适应分支策略的具体实现在 SELECT_VAR 函数中（图 3.12），依靠 Restricted_or_Not 的值，自适应到完全 2-way 分支策略和受限 2-way 分支策略的某一种上，再遵照选定的分支策略定位下一步实例化的变量，然后按 LVO 为选定变量挑选更有可能在解路径上的值。由于 SELECT_VAR 函数是自适应分支策略的具体实现函数，因此在整个 MAC 的过程中尤为重要。在选择变量时，主要考虑的是 Restricted_or_Not 的值。在其值为真的前提下，需要判定是否限定分支，判定的依据是 H_1 和 H_2 两种自适应分支启发式的满足情况，并根据判定结果选择合适的变量作为下一个实例化对象。Switch 的四个分支（第 17~25 行）对应着四种启发式运用的方式。如果使用 dom/wdeg 启发式筛选出的变量恰好为当前变量 cur_var，则不执行启发式 H_1、H_2。

```
SELECT_VAR (Free_variables, Restricted_or_Not)
1. begin
2.     if (not Restricted_or_Not)
3.         return dom_wdeg (Free_variables);
4.     else
5.         X_i ← dom_wdeg (Free_variables);
6.         if (X_i == cur_var)
7.             return X_i;
8.         else
9.             if (score (X_i)−score (cur_var) > 0.1 )
10.                h_1 ← TRUE;
11.            else
12.                h_1 ← FALSE;
13.            if (wdeg (X_i) > wdeg (cur_var))
14.                h_2 ← TRUE;
15.            else
16.                h_2 ← FALSE;
17.            switch Heuristic_user_choice:
18.                case H_1: if (h_1) return X_i;
19.                    else return cur_var;
20.                case H_2: if(h_2) return X_i
21.                    else return cur_var;
22.                case H_1^H_2: if (h_1 & h_2) return X_i;
23.                    else return cur_var;
24.                case H_1^∨H_2: if(h_1 | h_2) return X_i;
25.                    else return cur_var;
26. end
```

图 3.12　AdaptBranch^{LVO} 算法的选择变量过程

3. 实验评测

在新算法中，$H_{sdiff}(e)$中的 VOH 采用 dom/wdeg，而 e 取值为 0.1；$H_{cadv}(VOH_2)$中辅助启发式为 wdeg。两个启发式可合取或析取应用。为验证 AdaptBranch^{LVO} 算法优势，借助标准测试库 Benchmarks 中的多类问题实例对算法进行测试。实验是在 AMD Athlon(tm) 64 X2 双核处理器 3600 的 DELL 机上完成的，主频为 1.90GHz，内存为 1.00 GB，操作系统为 Microsoft Windows XP Professional，测试环境为 Microsoft Visual Studio 2008。将 AdaptBranch^{LVO} 和已有自适应分支算法进行比较，考察 CPU 运行时间、约束检查次数和搜索树生成结点数三项技术指标。CPU 时间（单位：ms）记为 cpu，约束检查次数记为#ccks，搜索树生成结点数记为#nodes。将 AdaptBranch^{LVO} 算法应用于搜索中，得到与原自适应分支算法的实验对比结果（见表 3.5），最好的情况均用粗体标记。从表 3.5 中可以看到，粗体数据多数出现在后四列（改进的四种自适应策略）中，这说明在第七行通过自适应分支策略选择了一个变量后，为变量值实例化的顺序相当重要。新算法通过运用 LVO 启发式后，从 Look-ahead 阶段中搜集到许多有用信息，反过来指导下一个值的选择。通过此方法选择出的值多数都是更靠近解路径的，因而会避免一些无用值的实例化，并可以大幅度减少约束检查次数及搜索树结点生成的生成个数。这点可以从表 3.5 的数据中可知，如 composed-25-10-20-1 中，新改进的自适应分支约束求解算法中约束检查次数最低值 19924 和搜索树生成结点数的最低值 123 与原算法对应两项技术指标最高值 78948 和 688 相比，差距很大。当然，这不是特例，同样的情况也发生在 composed-25-10-20-3 和 bqwh-15-106-3 等实例中。这说明，改进后的新算法确实如预期避免了无用的开销，进而最终在 CPU 运行时间这项关键衡量标准上以提高为结论胜出。综上所述，单个实例测试的实验结果表明：新算法 AdaptBranch^{LVO} 从时间开销、约束检查次数及搜索树生成结点数三方面综合衡量，明显优于已有自适应分支算法。

表3.5　AdaptBranch^{LVO}与已有自适应分支算法对比结果

问题实例	技术指标	H_1	H_2	$H^{\wedge}$	$H^{\vee}$	H_1^{LVO}	H_2^{LVO}	$H^{\wedge LVO}$	$H^{\vee LVO}$
composed-25-10-20-1	cpu	78	78	94	93	**15**	31	15	16
	#ccks	75714	78512	78948	78721	20465	20773	**19924**	20465
	#nodes	688	670	657	646	129	130	**123**	129
composed-25-10-20-3	cpu	93	125	110	78	**15**	32	16	16
	#ccks	85757	85212	87722	80270	23259	22723	**22494**	23259
	#nodes	813	765	800	727	147	142	**138**	147
bqwh-15-106-3	cpu	938	969	938	953	**47**	**47**	63	**47**
	#ccks	575169	565715	601714	575169	**22895**	22897	22897	**22895**
	#nodes	6533	6784	6492	6533	394	394	**388**	394

问题实例	技术指标	H_1	H_2	$H^\wedge$	$H^\vee$	H_1^{LVO}	H_2^{LVO}	$H^{\wedge LVO}$	$H^{\vee LVO}$
driverlogw-08c-sat_ext	cpu	20078	19453	20266	20750	18828	**18188**	18828	19109
	#ccks	570795	570795	**570767**	570795	586193	586193	586165	586193
	#nodes	3749	3749	**3728**	3749	3901	3901	3881	3901
scen10_w1_f3	cpu	203	250	266	203	**172**	**172**	203	188
	#ccks	**80739**	86889	87405	**80739**	83032	83715	84458	83032
	#nodes	142	206	209	142	**129**	131	136	**129**
scen9_w1_f3	cpu	203	250	265	234	187	**172**	203	188
	#ccks	**80739**	86889	87405	**80739**	83032	83715	84458	83032
	#nodes	142	206	209	142	**129**	131	136	**129**

　　表 3.5 的数据确实能说明新自适应分支策略对效率提升的作用，但颇具片面性，因为表中的实例太特定，对仅有几个实例效率的提升并不是研究的初衷。为检验新提出算法的高效性及普适性，在可满足问题（简记为 sat）和不可满足问题（简记为 unsat）两大类问题上进行广谱性实验，共选取 composed、bqwh、driver、frb、rlfap、geom、ehi、QCP 八类问题，并从每个分类中选出 5～10 个实例进行测试，取时间测试结果的平均值作为此分类实例的实验数据。这种测试方法涉及范围更广且更具公平性，更能说明新算法是否能对大多数实例产生作用，进而验证算法的普适性。

　　在 sat 类中，在各类实例上运行 AdaptBranch^{LVO} 算法之后，选出部分测试结果，如表 3.6 所示。清楚看出，加入 LVO 的自适应分支策略（后四列）在平均时间上明显优于未加入的情况，尤其在 composed-25-10-20 和 geom 两类问题上，总体效率提高了 2 倍左右。有些更是提高了 3 倍左右，如 frb30-15 在 H_1 上的改进。

　　在不可满足问题类上，给出 composed-25-1-2、ehi-85、QCP-10 和 rlfapModScens 四类子问题的测试结果，如表 3.7 所示。从表 3.7 中可知，在不可满足问题类上，加入 LVO 的自适应分支求解效率整体上优于已有自适应分支算法。可见自适应分支策略与合适的 V-O-H 结合具有更强的研究价值，它为自适应约束求解方法的研究做出了卓越的贡献。需要指出的是，对于 rlfapModScens 问题实例，加入 LVO 策略的基于 H_2 和 $H^\wedge$ 的自适应分支求解算法在平均性能上比已有自适应分支约束算法差，这和 rlfapModScens 问题实例的特殊结构有关，未来工作将深入探讨和问题结构密切相关的自适应约束求解算法。

表3.6　sat类上平均求解时间对比　　　　　　　　单位：ms

问题实例	H_1	H_2	$H^\wedge$	$H^\vee$	H_1^{LVO}	H_2^{LVO}	$H^{\wedge LVO}$	$H^{\vee LVO}$
composed-25-10-20	57.9	70.6	78.1	79.6	26.6	32.9	25.1	26.5
bqwh15_106	315.7	311.1	279.6	315.9	287.5	270.1	297	299.8

续表

问题实例	H_1	H_2	$H^\wedge$	$H^\vee$	H_1^{LVO}	H_2^{LVO}	$H^{\wedge LVO}$	$H^{\vee LVO}$
driver	10060.3	9493.29	9736.71	10123	9276.71	9051.29	9111.71	9263.29
frb30-15	965.8	959.4	912.4	981	343.8	447	712.6	674.8
frb35-17	4506.2	5500	4293.4	4328.2	3787.6	3806.2	3394	4084.6
rlfapGraphs	1369.5	1046.75	1476.625	1250	777.5	654.375	640.625	648.375
geom	4248.125	4173.75	3949.25	3218.75	1781.25	1609.375	1730.625	1837.875

表3.7　unsat类上平均求解时间对比　　　　　　　　　　单位：ms

问题实例	H_1	H_2	$H^\wedge$	$H^\vee$	H_1^{LVO}	H_2^{LVO}	$H^{\wedge LVO}$	$H^{\vee LVO}$
composed-25-1-2	12.5	12.5	15.7	12.5	12.3	12.5	15.9	9.4
ehi-85	5175.2	11603.2	5732.6	11417.2	4021.7	9714	2393.7	3551.4
QCP-10	35.25	43	39	34.75	35.25	31.25	35.25	35.5
rlfapModScens	10795.11	2449.56	4395.8	10767.4	10119.7	3531.11	16131.7	7043.56

此外，必须强调一点，LVO 启发式的一个缺点是实现过程较复杂，因为它在划分等级的过程中，使用了一组表去存储已经被检查过但还未被实例化的值的结果，处理这些表会产生一部分 CPU 开销；另外，LVO 启发式的另一个缺点是，由于简单的可解决问题有许多解且有许多可接受的值供选择，那么在这些简单问题上，LVO 启发式是不适用的。新算法 AdaptBranch^{LVO} 在这些问题上所起的作用也不明显，有时甚至会稍差一些。不过，某个求解技术不可能在所有情况下都适用，只要能对某一范围的问题实例提供了实质性的改善，便认定该技术是高效的。

不同分支策略在不同实例上有不同效率表现。自适应分支策略以选择最合适分支为最终目标，是自适应约束求解方法的重要研究方向。加入 LVO 的自适应分支约束求解方法能更有效地提高约束求解的效率。鉴于 LVO 启发式的缺点，未来工作考虑将学习型值启发式嵌入自适应分支框架中，以进一步提高约束求解效率。

本 章 小 结

本章从约束求解过程中起方向性作用的分支选择环节入手，研究自适应地选择恰当分支策略的自适应分支约束求解方法。主要研究内容如下：分析阐述了自适应分支选择对约束求解的影响和意义；介绍了现有的标准分支策略，并在其基础上，比较分析了典型分支策略，突出强调自适应分支策略的优势，为设计自适应分支策略做铺垫；给出两种改进的自适应分支策略：一是改进的辅助顾问启发式策略，二是提出一种新的自适应分支求解算法 AdaptBranch[LVO]，并对其性能进行全面测试，首先，在广泛比较多种辅助顾问之后，验证改进的辅助顾问启发式在效率上远远胜出；其次，通过对多类典型 Benchmarks 问题的标准测试，进一步验证 AdaptBranch[LVO] 算法的高效性；最后，得出结论：自适应分支约束求解方法能够显著提高求解效率。

第 4 章 自适应变量选择

在求解 CSP 的树搜索算法中，变量实例化的顺序起着至关重要的作用，因此一直以来被看成是一个关键性的问题。搜索算法经常会利用一些带有启发性的信息去指定变量实例化的顺序，通常将这种启发性信息利用的方式称为 VOH。这些可以利用的信息包括论域大小、度的大小、冲突程度、Backbone 或 Backdoor[1]变量等。在求解 CSP 实例时，不同的 VOH 对算法效率的影响程度是不同的。例如图 3.5 中例子，先实例化 X_1 和先实例化 X_5 产生的搜索树是不一样的，因此，变量实例化的先后顺序明显影响着搜索空间的大小，进而影响求解效率。

很久以来，研究者便对变量实例化的顺序做着深入细致的研究，随之层出不穷的变量排序方法脱颖而出。这些排序方法有些是静态的，即在搜索前便指定了变量实例化的顺序，而在这之后实例化的顺序不发生变化；还有一些排序方法是动态的，即变量实例化的顺序不是一成不变的，而是在搜索中的任意点，根据当前搜索的状态去选择下一个实例化的变量。这种根据启发性信息进行变量排序的方法本身就可以看成是自适应的。这些利用不同 VOH 去解决 CSP 的方法，从效率方面可以导致彻底不同的结果。而且，仅仅为某个给定的 VOH 引进某种随机化就可以发生很大的变化[131]。

4.1 典型变量排序启发式

4.1.1 静态变量排序启发式

静态变量排序启发式（static variable ordering heuristics，SVOs）是指变量顺序一经固定则在整个搜索过程中保持不变的启发式。它仅利用位于搜索过程中初始状态的信息，这些启发式的代表有[1]lexico、deg 和 width。

lexico[1]是最容易的一种 SVOs，变量只是简单地按字典序排序。例如，在一个 CSP(X, D, C)中，变量集合 $X = \{x, y, z, \cdots\}$，首先被实例化的变量则是 x，然后是 y，以此类推。如果变量的下标是以数字区分的，如 x_1, x_2, $\cdots$，则按下标升序排序进行实例化。

deg 也叫最大度 VOH。在这种启发式下，变量以初始[25, 132]时在约束图中度的降序排序，即初始情况下具有最大度的变量被优先选择。

另外一个比较著名的 SVOs 是 width[1, 25, 133]，它选择的是从约束图中删除所有已被选择的变量后剩余的约束图中度最小的变量，即按使约束图的宽度最小为目的来排序，因此又被称为最小宽度启发式。

由于 SVOs 使用的是搜索中初始状态的信息，因而对搜索中实时性信息不能把握，不能有效反映搜索中的变化，所以现在很少使用。但它是动态变量排序启发式的基础和依据。

4.1.2　动态变量排序启发式

动态变量排序启发式（dynamic variable ordering heuristics，DVOs）是一种比 SVOs 受到更多重视的启发式，它在搜索中更有效。DVOs 考虑的是搜索过程中的一些当前状态信息，因而能动态反映搜索中实时的变化。

典型的 DVOs 是 dom[25, 119]，其中变量是按当前论域的大小升序排序的，即搜索中首先选择的是当前论域最小的变量进行实例化。这种启发式的基本思想是最先失败原则（fail-first）[119]，即从最可能失败的位置入手。

另一种 DVOs 是 ddeg[1, 25]，ddeg 是 deg 的动态变形，它是根据约束图中当前动态度降序排序的，即选择搜索中当前位置动态度最大的变量进行优先实例化。注意，这里动态度最大的变量，是指当前与它有约束关系的未实例化变量数目最多的变量。因为搜索中，变量是不断完成实例化过程的，一个变量被实例化，很可能会使与其有约束关系的其他变量的动态度减一，ddeg 恰好能动态反映这些变化，选出更合适的变量，进而提高搜索效率。此外，这种对动态信息的把握有利于选择到更可能参与到解中的值，并将搜索转向更可能找到解的子树，反之，会避免无用子树的探测工作，因此 ddeg 的计算开销很小。

单独的 dom 或 ddeg 不能完全把握搜索中的全局动态信息。当把论域的大小和变量的度结合到一起时，得到 dom/deg[25, 134]、dom/ddeg[25, 126, 134]、dom+deg[129] 和 dom+ddeg[135, 136]等。这些掌握全局动态的方法可以从本质上提高搜索的性能。前两种启发式优先选择的是论域大小和（动态）度的比值最小的变量，后两种启发式经常被用于打破"结"（tie）的情况下。"结"即是一种应用启发式时变量选择权相等的局面。例如，在应用 dom 之后，变量 x 和变量 y 的当前论域大小都是 3，此时，在选择下一步实例化变量时，便遇到了"结"。一般情况下，"结"都是以字典序打破的，也可以特定用另外一种启发式来打破"结"，例如，dom+deg 中当发生当前论域大小相等时，就可以用 deg 方法来打破"结"。

另一类建立在 dom 和 dom/ddeg 基础上的启发式则是 mDVO（multi-level DVOs）[109]。它是由 Bessière 和 Chmeiss 等在 2001 年针对"原来的 DVOs 只关注于变量本身固有的特点去排序，而没有更多考虑到邻居（neighborhood）对它的影响"这一特点提出的。

此外，还有 Correia[137]等提出的将 SAC 传播过程与 Look-ahead 启发式集成到一起的变量排序方式；Cambazard 和 Jussien[138]进一步分析了搜索空间缩减的位置以及过去的选择与这次缩减的相关程度；Refalo[139]提出的基于 impact 的搜索策略等,其中的 impact 是一个值分配对缩减搜索空间能力的评估指标,每个值的 impact 值是通过使用当前位置观察到的平均值近似得到的。

目前最具潜力的 DVOs 要属 Boussemart[25]提出的基于冲突驱动（conflict-directed）的启发式 wdeg 和 dom/wdeg,这类启发式能够通过从失败中学习的信息去管理变量的选择和分配。基于冲突驱动的启发式不仅利用了当前的状态信息（如当前论域的大小和当前变量的度）,而且还兼顾了搜索前面的状态信息,将两者相结合来衡量冲突程度。这些冲突反映的形式是 DWO,并且存储为约束权重的形式去引导搜索。以 dom/wdeg 为例,算法通过一个计数器来获取冲突的信息,把它称为权重。每个约束分配一个权重（初始值为 1）,每当搜索中发生一次 DWO,计数器就更新一次（即加 1）,直观上讲,权重越大则冲突程度就越大。每个变量都有一个权重,它的值等于此变量参与到的所有约束的权重总和。wdeg 选择权重最大的变量,而 dom/wdeg 则合并考虑了论域的信息,选择论域大小和权重比值最小的变量进行优先实例化。根据最先失败原则,很自然优先选择最大权重的变量,这样便能优先检查到局部不相容或问题的困难部分。如果再考虑到论域大小的信息,论域越小的当然越容易导致失败,则 dom/wdeg 能更快速抵达困难部分。

Balafoutis[21]对最近出现的典型的 VOH 性能做了细致评估,这里主要包括将 dom/wdeg、alldel、random probing、fully assigned 等基于冲突驱动的 VOH 与 impacts、node impacts 以及 RSC 启发式在广泛 Benchmarks 上做出详尽对比,目的是展现它们各自的优势和弱点。而且进一步将这些启发式组合到一起进行比较,这些组合主要为 dom/wdeg+RSC、带有 random probing 的 dom/wdeg、带有 random probing 的 dom/wdeg+RSC、Impacts+RSC 等。由于比较的结果全面显示了当前流行的 VOH 的性能,因此对此部分不再做重复比较。

4.2　自适应变量选择实现

实现自适应选择变量,从本质上讲是 VOH 的运用。完全的自适应则需从初始态开始根据问题本身的特点（这里可为问题中约束的密度、紧度等）,选择一种最合适的 VOH,再由 VOH 来选择某个变量,而不是人为指定某变量。随着变量实例化过程的进行,算法总根据初始和当前状态的信息,运用动态排序启发式,找到最合适的那个变量为下一步实例化的对象。

以例 3.1 中图 3.5 约束网络为例,根据约束的密度,适应到的 VOH 为 dom/wdeg,初始时将各约束的权值（wdeg）都置成 1,变量 X_1、X_2、X_3、X_4、X_5 域的大小均相同为 4。为实现自适应变量选择,则在初始态便开始利用 DVOs。dom/wdeg$[X_1]$=4/3、dom/wdeg$[X_2]$=4、dom/wdeg$[X_3]$=4/3、dom/wdeg$[X_4]$=2、dom/wdeg$[X_5]$=4/3,挑选 dom/wdeg 最小的变量最先实例化（用 lexico 来处理"结"[25],这里选定 X_1）,接着进行约束传播,直到域空回溯,再利用启发式

dom/wdeg 的各值，自适应地选择变量进一步实例化。

有些启发式还使用了"随机探查（random probing）"抽样技术，这种技术通过在正式运行之前短暂运行几次搜索算法初始化约束的权重。

在实现自适应变量选择的过程中，Balafoutis[21]根据当前适用性较强的一些启发式的弱点提出了一些新的自适应 VOH。

wdeg 和 dom/wdeg 启发式与权重有关，权重的值在搜索中伴随着 DWO 的发生而更新。DWO 是在算法的校验过程中被识别的（例如，在 MAC 的算法 2.1 中，每次 DWO 都是在算法 2.2 的 REVISE 过程中识别的），每次监测到 DWO，则将变量的权重加 1。大量实验证实，wdeg 和 dom/wdeg 是非常有效的。但理论上可以确定，这些启发式不可能总以准确的方式来为约束分配权值。

最先注意到这点的是 Wallace 和 Grimes[26, 140]，他们针对此问题提出了交替性启发式（alternative heuristics），把值删除看作基本的传播事件并与约束权重相关，理论上能增加为约束分配权值的准确性。这些交替性策略如下。

（1）约束权重按导致 DWO 时论域缩减的大小来增加（alldel 启发式）。

（2）每当约束传播过程中论域发生了缩减，则涉及的约束的权重加 1。

（3）每当论域缩减，约束权重以论域缩减的大小来增加。

后两种启发式将约束权重的变化与值删除的信息关联，每当导致值删除，则将约束权重增加相应的值。虽然交替性启发式从理论上讲应该得到良好的性能，但在实际运行上却没有超过 dom/wdeg[26]。为进一步证实对约束分配权值准确性的猜想，阅读如下实例。

【例 4.1】　　对于约束满足问题 $P(X, D, C)$，变量集合 X 中包括$\{x, y, z\}$等，每个变量的论域集合 D 均为$\{a, b, c, d, e\}$，约束集合 C 中包括 C_{xy} 和 C_{xz} 等。运用 dom/wdeg VOH，在 MAC 的过程搜索中的某点，AC 试着校验变量 x，为 $D(x)$中的值在 x 参与到的约束上寻找支持。假如在 C_{xy} 上对 x 校验时，$D(x)$中$\{a,b,c,d\}$在 $D(y)$中无支持，则从 $D(x)$中删除值$\{a, b, c, d\}$。接着在 C_{xz} 上对 x 校验时，又因无支持而从 $D(x)$中删除值$\{e\}$，于是引发一次 DWO。因按 dom/wdeg 启发式，所以约束 C_{xz} 的权重将加 1，而约束 C_{xy} 的权重将不变。

很明显，实例中 C_{xy} 从 $D(x)$中移去了四个值，多于 C_{xz} 从 $D(x)$中移去的一个值，但 C_{xy} 对 DWO 做出的间接贡献被启发式 dom/wdeg 忽略了。相比而言，如果换成启发式 alldel，约束 C_{xy} 一旦从 $D(x)$中删除值，其权重就会马上增加。

wdeg 和 dom/wdeg 的另外一个潜在弱点与 AC 算法校验的顺序有关。在 AC 算法中，传播队列中的内容可以是弧、变量或约束三种情况，具体是哪一种情况，依赖于传播变量分配影响的具体实现。重要的是，列表中内容选择校验的顺序影响着搜索的整个开销。于是，一系列校验排序启发式（revision ordering heuristics）被提出[141, 142]。一般情况下，当用于搜索算法中时，校验排序启发式和 VOH 有不同的执行任务。在基于冲突的启发式出现之前，校验排序和变量排序之间是无法相互作用的，即，应用相容性算法时，校验列表中的顺序不会影响到下一次选择哪个变量进行优先实例化，反之亦然。校验顺序对求解效率的影响受限于约束检查和列表操作的缩减。然而在 dom/wdeg 出现之后，先校验哪个弧会影响变量选择的顺序。

校验排序和变量排序之间相互作用可见例 4.2。

【例 4.2】　对于约束满足问题 $P(X, D, C)$，用 dom/wdeg 变量排序启发式确定变量实例化的顺序。假设到搜索中某个位置，校验列表 Q 中内容为 $\{(x_2), (x_4), (x_6)\}$。在约束 c_{23} 上校验 x_2 时，因在 $D(x_3)$ 中无支持而导致 $D(x_2)$ 发生 DWO；而在约束 c_{45} 上校验 x_4 时，因在 $D(x_5)$ 中无支持而导致 $D(x_4)$ 发生 DWO。因此，先遇到哪种情况的 DWO 完全依赖于校验执行的先后顺序。也就是说，如果校验排序启发式 R_1 首先选择 x_2 进行校验，那么先遇到的就是 $D(x_2)$ 发生的 DWO，相应地，c_{23} 的权重则会加 1；反之，如果校验排序启发式 R_2 首先选择 x_4 进行校验，则先遇到的就是 $D(x_4)$ 发生的 DWO，相应地，c_{45} 的权重则会加 1。显然，在校验列表中有两个可以导致 DWO 的变量（这里是 x_2 和 x_4），而这两个变量会促使两个不同约束（这里是 c_{23} 和 c_{45}）的权重增加。由于约束的权重影响着 VOH 对变量的选择，所以，R_1 和 R_2 可以导致不同对变量实例化的决定，进而引导搜索到搜索空间的不同部分。从例 4.2 可以看出，基于约束权重的启发式对校验的顺序非常敏感，在很大程度上会受其影响。

为了克服上面提到的基于权重启发式的弱点，Balafoutis 提出一些新的基于 wdeg 和 dom/wdeg 改进的自适应 VOH。

第一种改进是为了克服例 4.1 中出现的问题，提出三种改进的交替性策略：

Ha：对每个与 $D(x_i)$ 中值删除有关的约束，将其权值均加 1；

Hb：对每个与 $D(x_i)$ 中值删除有关的约束，将其权值均增加值删除的个数；

Hc：对每个与 $D(x_i)$ 中值删除有关的约束，将其权值均增加规范化的值删除个数，即，增加值删除个数和 $D(x_i)$ 的比值。

这三种策略记录了每个值删除对应由哪个约束引起的。因此，一旦发生 DWO，则可以记录哪些约束对这次 DWO 直接或间接做了贡献。

【例 4.3】　对于约束满足问题 $P(X, D, C)$，变量集合 X 中包括 $\{x, y, z\}$ 等，每个变量的论域集合 D 均为 $\{a, b, c, d, e\}$，约束集合 C 中包括 C_{xy} 和 C_{xz} 等。假设搜索过程中变量 x 发生域空，而导致 $D(x)$ 为空的各个约束分别是 $\{C_{xy}, C_{xy}, C_{xz}, C_{xy}, C_{xz}\}$。则上述三种自适应 VOH 分别为相关约束设置如下的权重：

Ha 中：$weight_{Ha}[C_{xy}]=1$; $weight_{Ha}[C_{xz}]=1$;

Hb 中：$weight_{Hb}[C_{xy}]=3$; $weight_{Hb}[C_{xz}]=2$;

Hc 中：$weight_{Hc}[C_{xy}]=3/5$; $weight_{Hc}[C_{xz}]=2/5$。

Balafoutis 通过实验将新提出的冲突驱动 VOH（dom/wdeg$_{Ha}$、dom/wdeg$_{Hb}$、dom/wdeg$_{Hc}$）与其他的典型冲突驱动启发式（dom/wdeg、aging dom/wdeg、fully assigned、alldel）进行对比。实验平台建立在 Benchmarks 的现实世界问题、学术问题以及随机问题实例上，实验结果充分验证了这组自适应 VOH 的有效性。

针对例 4.2 中的问题，Balafoutis[21]提出了一种约束的完全分配权值（fully assigns weights）机制。这种机制在监测到第一次 DWO 的校验中，将相关约束的权值加 1，然后"冻结"搜索过程，"撤销"此次校验导致的删除。而后，继续校验列表中的剩余变量，直到识别下一次 DWO 校验，或校验列表为空。如果检测到一次新的 DWO，则将约束增加适当的权重，并"撤销"最后一次值删除。这个过程持续到校验列表为空。然后"重做"第一次 DWO 校验监测出的删除，并通过实例化下一个合适变量来继续搜索。这个启发式虽然在理论上很有潜力，但实验结果却不是很理想。

所有提出的冲突驱动的启发式的效率应归于它们从搜索中遇到冲突（DWO或值删除）中学习的能力。它们能引导搜索朝着问题的困难部分前进，并且能识别引发争议的约束。事实上，还可以进一步从问题的结构信息入手，比如在 Backbone 引导的搜索中引入自适应变量选择，更大幅度地提高约束求解效率。

接下来，换个角度来考虑问题。无可非议，Boussemart 提出的基于冲突驱动的 VOH 是目前解决有关学术、随机、现实世界问题等实例的一种不可多得的高效 VOH，这已经得到了研究者的广泛认可。特别是对于解决那些带有局部不相容子部分的问题，启发式直接将搜索指向 CSP 最受限的部分，其提高改进是巨大的。文献[25]中将皇后问题和骑兵问题组合到一起的例子更是给予了基于冲突驱动的 VOH 有力支持。

但是没有任何一种 VOH 对所有实例均有效，启发式 dom/wdeg 也只是对局部不满足或 CSP 的困难部分作用明显，而在有些实例上其表现也差强人意。为更好地说明此观点，本书做了如下比较实验。

抽取 Benchmarks 中模式化问题、现实世界问题、学术问题以及随机问题类的若干可满足以及不可满足实例。在 MAC 算法下分别嵌入 dom、dom/deg、dom/ddeg和 dom/wdeg 四种 VOH，记录 CPU 运行时间（单位：s）的五次运行的平均值，具体如表 4.1 所示。

表4.1　MAC下四种VOH的运行时间比较　　　　　　　　　　单位：s

实例	dom	dom/deg	dom/ddeg	dom/wdeg
bqwh-15-106-0	0.797	8.640	11.360	2.032
qcp-order15-holes120-balanced-21-QWH-15	148.531	288.281	499.172	501.512
qwh-order20-holes166-balanced-17-QWH-20	113.219	765.406	1245.810	1271.910
le-450-5a-4-ext	0.891	>1.5h	>1.5h	>1.5h
scen2	0.078	0.062	0.093	0.125
scen6_w1	0.016	0.016	0.031	0.047

续表

实例	dom	dom/deg	dom/ddeg	dom/wdeg
graph2	0.110	0.110	0.266	0.265
graph2_f24	0.156	>1.5h	>1.5h	>1.5h
queens-5-5-3-ext	0.000	0.003	0.000	0.000
queens-5-5-4-ext	0.025	0.015	0.025	0.019
frb30-15-5-bis	1.191	32.372	33.510	3.240
frb35-17-1-bis	39.469	3589.051	2722.282	2829.815

从表 4.1 中可以看到, 在随机取自各问题类的 12 个实例中, dom 启发式脱颖而出。在多数例子上启发式 dom/wdeg 的成绩不及启发式 dom, 有些甚至差得很远, 如实例 le-450-5a-4-ext 和实例 graph2_f24 中, 相差多个数量级。这充分说明不同 VOH 有其不同的适用范围, 只能说某类实例适合于某种 VOH, 而不能孤立地说某种 VOH 是最好的。

狭义上讲, VOH 本身就是自适应选择变量的过程, 在某种程度上已经实现了自适应 VOH。不过, 基于上述实验, 笔者研究团队对未来工作做出新规划, 从广义上实现自适应 VOH——Hyper-heuristics, 这种自适应是建立在问题内部结构基础之上的, 根据问题的结构在多种 VOH 之间进行自动切换, 例如, 对于皇后加骑兵类问题, 自动选择启发式 dom/wdeg; 而对于 le-450-5a-4-ext 类型实例, 则自动选择启发式 dom。此外, 还会从新的角度比较常用的 VOH, 而这要建立在 6.2.3 小节 “基于 AC 与 LmaxRPC 的自适应约束传播” 工作基础之上(详见 6.2.3 小节)。

本 章 小 结

本章从约束求解过程中起着重要作用的变量选择环节入手, 研究自适应地选择恰当变量的自适应变量约束求解方法。着重研究了以下内容: 介绍了当前典型的变量排序启发式; 详述了自适应变量选择策略, 并在其基础上, 比较分析了典型 VOH 策略, 突出强调在变量选择上引用自适应策略的优势; 测试结果显示, dom 启发式优势明显, 而在多数例子上, 启发式 dom/wdeg 的成绩不及启发式 dom, 有些甚至差出好几个数量级。不过, 不同 VOH 有其不同的适用范围, 只能说某类实例适合用某种 VOH, 而不能孤立地说某种 VOH 是最好的。无论是哪类 VOH, 自适应变量约束求解方法在提高求解效率上都发挥着重要的作用。

第5章　自适应值选择

5.1　引　　言

通常，VOH 驱动搜索选择具有更多约束的未来变量，而 V-O-H 驱动搜索选择更可能成功的值。尽管如此，多数全局搜索算法主要依赖 VOH 和传播，V-O-H 已经被忽略了，这是因为，V-O-H 在许多情况下需要大量的计算资源。实际上，与变量被选择的顺序一样，值选择的顺序对约束求解效率也有着重要的影响。

不同的值排序会使搜索树的每个结点产生不同的分支。那么在只需搜索一个解的情况下，如果这种值排序下产生的分支能比其他会产生死结点的分支更快搜索到一个解，则说明这个 V-O-H 是有效的。仍以图 3.5 的约束网络为例，如果在搜索之前，将各论域中的值升序排序，那么即使采用受限 2-way 分支策略，也不会产生冗余的回溯分支。因为在 $X_1=0$ 域空回溯后，虽然限定实例化的对象仍为 X_1，但它选择实例化的值却是 1（而不是 3）。这样就避免了 $X_1=3$ 的冗余分支，进而提高了约束求解的效率。产生的搜索分支如图 5.1 所示。但是，在需要找到所有解或者由于无解而需要搜索到整个搜索树的情况下，分支被搜索的顺序则不太重要了。

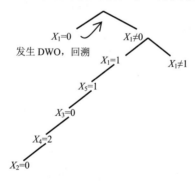

图 5.1　应用值排序的分支选择

值选择的早期评判标准是问题的解的数量[143]。接着，研究者努力借助贝叶斯网络（Bayesian networks）的思想去提高这些评判的准确性[144-146]。然而，这项工作忽略了在一个特定大小的子树中找到解的开销。还有一些研究者将努力放在用 Look-ahead 策略去选择一个使结果最大化的值[147, 148]或在传播之后对结果论域大小求和最大化的值[129]上。但是当将所有这些值选择的方法动态地（这里的动态指在每个分配的传播之后重新计算）运用于搜索中时，开销是相当昂贵的。

　　较新的方法是 Zanarini 和 Pesant[149]提出的,主要工作是加快了全局约束中解的计算,或是使用快速的非自适应静态 V-O-H,这种启发式只在搜索前计算一次[150]。然而,产生一个静态值排序的初始计算对于许多大问题来说也是很重要的。

　　本章的结构安排如下:首先,5.2 小节介绍了典型的 V-O-H,为引出 Survivors V-O-H 做铺垫。其次,5.3 小节详述了自适应值选择的相关方法和内容,这是本章的重点。其中,第一部分阐述了 Survivors V-O-H 的发展过程,并重点介绍学习型 Survivors V-O-H;第二部分提出用自适应值选择与自适应分支结合的方式进行约束求解,给出求解算法 AdaptBranch^{surv} 的思想和相应的算法步骤;第三部分对算法进行评测,验证算法的有效性;第四部分将新算法与 3.4 小节中的算法 AdaptBranch^{LVO} 进行比较,借助实验数据说明 AdaptBranch^{surv} 的优势。最后,概括工作小结。

5.2　典型的值排序启发式

　　搜索算法中经常会利用一些带有启发性的信息去指定值选择的顺序,这种运用启发性信息的方式被称为 V-O-H。在一个 CSP 对一个解的全局搜索中,V-O-H 对哪个值更可能是一个解的一部分做出预测。下面对本书中用到的典型 V-O-H 进行了详细说明。常用 V-O-H 中最简单的是 lexico 字典序值启发式。

　　lexico 字典序值启发式是指论域中的值简单地以字典序排序。例如,一个变量 x 的论域中包括如下值, $D(x) = \{a, b, c, \cdots\}$,则首先选择的值是 a ,然后是 b ,依次类推。如果值是以具体数字,则可按值升序排序进行选择。

　　在求解 CSP 时,搜索中 Look-ahead 是很有用的。1995 年, Frost 和 Dechter[129]针对困难的 CSP 提出一系列效果良好的 LVO。LVO 通过计算当前变量的每个值与未来变量的一些值冲突的次数,首先选择具有最低冲突次数的值。这些 LVO 具体信息如下:

1. Min-Conflicts(MC)最小冲突启发式

　　第一种 LVO 的 MC 针对当前变量论域中每个值,考虑的是与当前变量相关的未实例化变量的论域中与这个值不相容的值的个数,并按此个数的升序对当前变量的值进行排序。即总是优先选择冲突值最少的值。

　　另外三个 LVO 的灵感来源于下面的思想:对于子问题中的变量,其论域包含的值越多,子问题更可能有解。

2. Max-Domain-size(MD)最大域启发式

　　对当前变量论域中每个值,考虑所有与当前变量相关的未实例化变量移去不相容值的剩余子域,优先选择在未实例化变量中产生最大最小剩余子域的值。举个例子，如果在当前变量被实例化为值 a 之后，所有与当前变量相关的未实例化变量中最小的剩余子域大小是 3；而在将其实例化为值 b 之后，这个最小剩余子域大小是 2，则优先选择值 a。

3. Weighted-Max-Domain-size（WMD）加权最大域启发式

在 MD 中，当前变量论域中可能有几个值产生相同大小的剩余子论域集合，所以 MD 启发式经常会导致"结"的产生。WMD 是 MD 的一个改良版本。WMD 优先选择剩下更大子论域的值，这点和 MD 相似，只是打破结的方法不同。它是根据具有给定剩余子论域大小的未实例化变量的数目来打破结的。以第三种启发式中实例为例，如果将当前变量实例化为 a 之后有 2 个相关的未实例化变量剩下的域大小为 3（其余的变量论域大小都比 3 大），而实例化为 b 之后有 4 个变量剩下的论域大小为 3，则优先选择 a 这个值，因为这样剩余子论域更大。

4. Point-Domain-size（PDS）域大小分值启发式

第四种 LVO 给当前变量论域中每个值打分（point）依据是所有与当前变量相关的未实例化变量移去不相容值的剩余子论域。每个大小为 1 的未来子论域给 8 分；每个大小为 2 的未来子论域给 4 分；每个大小为 3 的未来子论域给 2 分（假设变量论域大小比 3 大）；每个大小为 4 的未来子论域给 1 分（假设变量论域大小比 4 大）。优先选择具有最小总分的值。

LVO 虽然对于大的和困难的问题，能大幅度提高算法性能，但它的一个典型缺点是实现过程有点复杂，因为在划分等级的过程中，它使用了一组表去存储已经被检查过但还未被实例化的值的结果。处理这些表引发了一些额外的 CPU 开销。LVO 的另一个缺点是，在简单的可解决问题上通常作用收效甚微，这些简单问题往往有许多解和许多可接受的值供选择。因此，LVO 沿着对解的近似无回溯地搜索路径，不必要地检查了每个变量的每个值。

针对 LVO 的缺点，一系列 Survivors V-O-H 脱颖而出。

5.3   自适应值选择实现

5.3.1   典型自适应值排序启发式

在一个 CSP 对一个解的全局搜索中，值启发式对哪个值更可能是一个解的一部分做出预测。当这样一个启发式使用了上述几种 Look-ahead[129]的信息时，确实对提高求解效率很有帮助，它能够在搜索中尽早让失败结点产生，从而为变量排序提供有价值的信息，但其一个重要的弊端是经常导致大量的计算开销。为了降低计算开销，一种手段是期望能通过廉价的学习在传播中找到更有希望的值，然后通过启发式将这些值应用于加速个别问题的求解。

早期有关值学习的工作集中在不参与任意解中的实例化上（称其为 Nogoods）。Nogoods 可以使搜索远离不成功子树的重新探索，尤其借助 restart[151] 的帮助，效果更好。Impact 是对传播之后观察到论域缩减的评估指标，也可以被用于启发性地选择一个变量或分配的值[139]。更近一些的工作包括，多点构造搜索通过学习精英解，使实例化更可能被扩展成一个解[152]。精英解大多用于与 restart 组合去加速搜索，主要运用在优化问题上。还有一些学习工作已经识别了高效的值启发式[153, 154]，但是对个别问题启发式不合适。

2008 年，Zhang 和 Epstein[155] 提出一个新的变换方法——Survivors-first，该方法通过搜索中的学习，优先选择观察起来最经常幸存传播的值，有希望的值能通过学习在传播中被相对快速地找到，然后通过启发式被应用于对个别问题加速求解。Survivors-first 从本质上引导了一族普遍且廉价的 Survivors V-O-H，并由这些 Survivors V-O-H 进行引导性的自适应值选择。

算法学习和运用搜索中那些经常幸存传播的值。主要需要两个指标：R 和 S。分别表示一个值在传播中被移去和被挑战是否有支持的频率。这种学习型 V-O-H 建立在如下假设基础之上：一个值被移去得越频繁（即 R 越高），相容的可能性就越低；而且一个值被挑战得越频繁（即 S 越高），则 R 对一个值幸存可能性的准确预测的能力就越强。

基于上述两个指标，Zhang 和 Epstein[155] 提出两个学习型 Survivors V-O-H。

第一个搜索启发式 RVO（R-value-ordering）选择 R 值最低的值用于优先实例化。第二个搜索启发式 RSVO（R/S-value-ordering）优先选择 R/S 最低的值，即 RSVO 用于优先实例化的是传播中很少被移去却经常被挑战的值。Survivors V-O-H 是普遍的、自适应的且计算廉价的。

为了证明假设的正确性，comes 等在基于模型 B（Model B）的随机问题[156]、准群问题以及组合问题上开展实验，并在配以 dom/wdeg 变量排序启发式的求解器上实践，以显示这两种学习型值启发式的优势。从表 5.1[155] 可以看出，与单独使用 dom/wdeg 相比，应用学习型值启发式之后，效率明显提高，这说明，通过学习，启发式自适应到了更有可能参与到解中的那些值。

表5.1　自适应值选择效率改善情况　　　　　　　　单位：%

问题	求解器	平均检查次数上缩减的百分比	CPU 时间上缩减的百分比
基于模型 B 的位于相变区的随机问题<50,10,0.38,0.2>	dom/wdeg+RVO	6.42	8.73
	dom/wdeg+RSVO	6.13	7.86
基于模型 B 的相变区之外的随机问题<50,10,0.184,0.631>	dom/wdeg+RVO	9.36	6.17
	dom/wdeg+RSVO	10.42	3.43

续表

问题	求解器	平均检查次数上缩减的百分比	CPU 时间上缩减的百分比
67 个洞的 10×10 准群问题	dom/wdeg+RVO	78.32	65.83
	dom/wdeg+RSVO	58.10	47.34
74 个洞的 10×10 准群问题	dom/wdeg+RVO	89.99	88.67
	dom/wdeg+RSVO	96.26	94.33
组合问题<75, 10, 0.216, 0.05, 1, 8, 10, 0.786, 0.55, 0.012, 0.05>	dom/wdeg+RVO	16.00	6.37
	dom/wdeg+RSVO	9.65	0.32
组合问题<75, 10, 0.216, 0.05, 1, 8, 10, 0.786, 0.55, 0.104, 0.05>	dom/wdeg+RVO	8.02	3.15
	dom/wdeg+RSVO	11.14	3.94

5.3.2　自适应值选择与自适应分支的结合

针对单一的自适应分支启发式不能充分发挥自适应约束求解的优势，本部分将自适应分支策略结合学习型值启发式 Survivors-first 作为研究的重点，提出算法 AdaptBranch^{surv}。对几类典型 Benchmarks 问题的测试结果表明，算法 AdaptBranch^{surv} 能显著提高约束求解的效率。

1. 背景知识

随着自适应约束求解成为人工智能的热点，越来越多的研究者将研究重点放在了自适应约束求解策略上。上文已经详细阐述，自适应分支约束求解策略是实现自适应求解的重要手段。不同分支策略在不同实例上对应有不同性能表现，而自适应分支策略恰好以根据特定条件选择最合适的分支方式为最终目标，减少冗余开销，从而达到提高约束求解效率的目的。$H_{sdiff}(e)$ 和 $H_{cadv}(VOH_2)$ 两个启发式是 Balafoutis 和 Stergiou[32] 提出的，它们将自适应策略与分支策略有机地结合到一起，显著提高了约束求解效率。其主要工作是在搜索中的某些点应用自适应启发式，根据启发式的决定在完全 2-way 分支策略和受限 2-way 分支策略之间进行切换选择。这种自适应分支策略是分支策略的一种新的尝试，一经提出，就受到了研究者的广泛关注。

此外，V-O-H 是提高搜索成绩的另一种有效手段。学习型 V-O-H 是近几年的研究热点，它可以利用搜索中获得的信息，学习性地寻找更合适的值。前文已经将 LVO 嵌入到自适应分支约束求解过程中提出算法 AdaptBranch^{LVO}，并在效率上得到了显著提高。但鉴于 LVO 开销冗余的缺点，而 Survivors V-O-H 又是针对改进 LVO 缺点提出的[155]，因此，本部分将焦点放在 Survivors V-O-H 上，观察其在自适应约束求解中能否同样发挥作用。

RVO 和 RSVO 两种 Survivors V-O-H 都引导搜索去选择对这个问题搜索中已经反复幸存传播的值。期望从对过去传播的移去统计近似地反映出一个值相容的可能性，进而成功地引导搜索。Zhang 和 Epstein[155]已在标准分支策略上用实验测试 Survivors-first 对 dom/wdeg 的影响，并得出结论：VOH 搜索显著地受益于 Survivors-first。所以本书在此基础上引入自适应分支策略，观察学习型 V-O-H 对自适应求解系统的影响。考虑到 RSVO 能更准确地反映出论域中值生存的程度，所以用此种值启发式展开以下实验。

2. 结合学习型 V-O-H 的自适应分支策略

基于 Survivors V-O-H 的良好性能，将其与自适应分支框架结合，在选择合适分支的同时，引导搜索去选择对这个问题搜索中已经反复幸存传播的值，最终期望对自适应约束求解效率做出进一步的改善。具体为引入上述的自适应分支框架，在对变量进行值实例化时，应用 RSVO 启发式，参照两项关键的技术指标 R 和 S，优先选择传播中很少被移去（R 值小）却经常被挑战（S 值高）的值对当前变量进行实例化。得到的新算法是 AdaptBranch[surv]，其嵌入 MAC[127] 的框架描述如下。

1）初始化 Whether_restrict 为假；

2）如果问题 P 不满足 AC，则返回无解；

3）初始化 Unins_variables 为变量集合 X，并定义堆栈 Solved 为存储解的动态堆栈；

4）当 Unins_variables≠Ø 时，利用自适应分支策略选出一个变量为当前实例化变量 X_i；

5）置 Whether_restrict 为假；

6）依据 Survivors-first 学习型值排序启发式 RSVO 为变量 X_i 从当前论域中选择一个值；

7）如果将 X_i 赋值为 a_i 后再进行 AC，则将值对(X_i, a_i)压入 Solved，并从 Unins_variables 中删除 X_i；

8）否则，当 X_i 论域中除 a_i 之外的值不满足 AC 时，如果 Solved 不为空，则弹出栈顶数据给(X_i, a_i)；

9）否则，返回无解；

10）将(X_i, a_i)回溯；

11）将 X_i 放回 Unins_variables；

12）置 Whether_restrict 为真；

13）置 X_i 为当前变量 cur_var；

14）返回解。

算法的输入为约束满足问题 $P(X, D, C)$。在这里提到的自适应分支框架中，用到的两种分支策略是完全 2-way 分支策略和受限 2-way 分支策略。受限 2-way 分支策略在某种程度上近似于 d-way 分支策略，但相比较于完全 2-way 分支策略，在使用不同 VOHs 时，表现出的性能却大相径庭。由于 2-way 分支策略和受限 2-way 分支策略的区别仅在于下一个实例化的变量改变与否。所以用布尔变量 Whether_restrict（第 1 行）作为是否需要判断限定分支的标识变量，如果 Whether_restrict 为真，那么表示下一次需要判断是否限定分支，反之则不需要。变量 Unins_variables（第 3 行）中存储的是未实例化变量集合。AdaptBranch^{surv} 算法的 MAC 过程为：只要还有未实例化的变量，就根据 Whether_restrict 的值利用自适应分支策略选择一个变量（第 4 行），然后，按 RSVO（第 6 行）Survivors V-O-H 为变量选择一个值，即优先用于实例化的是传播中很少被移去却经常被挑战的值，这是研究的主要工作之一。选择变量时，Whether_restrict 的值是主要考虑的对象。在 Whether_restrict 为真的前提下，需要决定是否限定分支。评判的标准是两个自适应分支启发式 H_1 和 H_2 的满足程度。最后根据决定结果，算法选择一个更合适的变量作为下一个实例化的对象。在 MAC 过程中，使用的与回溯相关的函数过程（第 10 行）可参考文献[127]，例如 backjump 及其调用的函数。总的来说，算法实现了一种学习型 V-O-H 与自适应分支框架结合进行约束求解的模式。

3. 实验评测

本实验用 Christophe Lecoutre 主页上的多个 Benchmarks 问题实例对算法 AdaptBranch^{surv} 进行测试，意在说明其优势。具体选择现实世界问题、模式化问题、学术问题、半随机问题的七类实例，分别是 rlfapModScens、rlfapModGraphs、bqwh18_141、bqwh15_106、domino1、geom 和 driver。所有的实验都是在 AMD Athlon(tm) 64 X2 双核处理器 3600 的 DELL 机上完成的，主频为 1.90GHz，内存为 1.00 GB，操作系统为 Microsoft Windows XP Professional，测试环境为 Microsoft Visual Studio 2008。将 AdaptBranch^{surv} 和已有自适应分支算法进行比较，考察 CPU 运行时间（简记为 time，单位：ms）、约束检查次数（简记为#ccks）和搜索树生成结点数（简记为#nodes）三项技术指标。

在应用算法 AdaptBranch^{surv} 之前，先用已有的不同分支策略求解各类问题实例，结果如表 5.2 所示，这里比较的是标准分支策略和自适应分支策略对 CPU 运行时间的作用结果。启发式 $H_{sdiff}(e)$ 中的 VOH 使用 dom/wdeg，e 取值 0.1；$H_{cadv}(VOH_2)$ 中辅助启发式为 wdeg。两个启发式可合取或析取使用。为方便记录，将 $H_{sdiff}(0.1)$ 和 $H_{cadv}(wdeg)$ 简记为 H_1 和 H_2，二者合取和析取分别记为 $H^{\wedge}$ 和 $H^{\vee}$。选取 bqwh、domino、hanoi、driver、composed 五种 Benchmarks 测试问题类的不同问题实例进行大量实验。表中加"(sat)"的问题实例为可满足问题，加

"(unsat)"的问题实例为不可满足问题。每个实例对应 CPU 运行时间的最优情况都在表中加粗显示。从表 5.2 中的数据可以看出，自适应分支策略在搜索过程中的某些位置总是优先适应到效果好的分支策略，甚至效果更好。不过，也有些实例中自适应分支策略不全是最优的，有的比标准分支策略好，有的则比标准分支策略差。例如，bqwh-18-141-37(sat)中 H_1 的 1157 要比 2-way 分支策略分支好，而 $H^\wedge$ 的 1906 则比 2-way 分支策略差。为了进一步提高自适应分支策略的效率，本书在其基础上应用了 AdaptBranch[surv] 算法。

表5.2　分支策略性能对比　　　　　　　　　　单位：ms

实例	2-way	受限 2-way	H_1	H_2	$H^\wedge$	$H^\vee$
bqwh-15-106-20(sat)	110	110	**109**	**109**	110	110
domino-100-200(sat)	157	157	156	**141**	156	156
domino-300-200(sat)	719	688	688	672	688	**671**
domino-500-200(sat)	19891	17609	13656	**11656**	13203	11672
hanoi_6(sat)	375	359	**343**	359	344	359
driverlogw-04c (sat)	**344**	1078	375	1328	375	**344**
bqwh-18-141-37(sat)	1891	2031	**1157**	1375	1906	1187
composed-25-1-25-1(unsat)	15	16	**0**	**0**	16	**0**

将 AdaptBranch[surv] 算法应用于搜索中，得到与原自适应分支算法的 CPU 时间实验对比结果，如表 5.3 所示。表中 2～5 列为应用原四种自适应分支启发式的求解算法在 CPU 时间上对应的数据，后四列为在这四种自适应分支启发式的基础上加入 Survivors-first 学习型值排序启发式 RSVO 后对应耗费的 CPU 时间（最优情况均加粗标记）。

先以表 5.3 中的实例 bqwh-18-141-37 为例，在表 5.2 中 H_1 上的 1157 比 2-way 分支策略要好，但在 $H^\wedge$ 上的 1906 却比 2-way 分支策略要差，而在表 5.3 中，结合了 Survivors-first 学习型值排序启发式 RSVO 之后所有应用自适应分支策略的算法都要好过标准分支策略的算法，在最好的情况下，计算效率提高了 3 倍多（如 H_2^{surv} 的 453 和 H_2 的 1375）。可见，将 Survivors V-O-H 与自适应分支策略相结合，能够进一步提高自适应分支策略的效率。纵观全表，不难发现，不仅是 bqwh-18-141-37 一个实例得到了效率上的改善，其余测试实例也都得到了效率上的提高，有些甚至提高程度相当大，例如，scen1_f8 的 $H^\vee$ 启发式，结合 Survivors V-O-H 之后由 13594 变成了 985；scen2_f24 的 $H^\vee$ 启发式，结合 Survivors V-O-H 之后由 3922 变成了 109。因此，从实验结果可以看出，加入 Survivors V-O-H 之后，自适应分支策略的效率有了大幅度提高，即二者的配合能在准确选择变量之后，选择一个最有可能的值实例化。初步得出结论：新提出算法 AdaptBranch[surv] 在时间消耗上明显优于已有自适应分支算法。

表5.3　AdaptBranch^{surv}与已有自适应分支算法对比结果　　　单位：ms

实例	H_1	H_2	$H^\wedge$	$H^\vee$	$H_1{}^{surv}$	$H_2{}^{surv}$	$H^{\wedge surv}$	$H^{\vee surv}$
scen1_f8	1031	2016	9860	13594	1016	**984**	1922	985
scen2_f24	125	906	2313	3922	125	**109**	906	**109**
scen6_w1	203	156	219	657	94	93	**78**	94
graph2_f24	515	531	656	531	**297**	**297**	343	344
bqwh-18-141-50	984	907	656	1000	406	547	563	**312**
bqwh-18-141-35	516	500	500	531	453	421	**281**	454
bqwh-18-141-37	1157	1375	1906	1187	484	**453**	625	547
bqwh-15-106-20	109	109	110	110	**94**	**94**	**94**	**94**
domino-1000-10	469	453	453	453	**437**	438	438	**437**
geo50.20.d4.75.85	1015	1891	1515	953	891	1843	**688**	797
driverlogw-01c-sat_ext	**0**	**0**	**0**	15	**0**	**0**	**0**	**0**
driverlogw-04c-sat_ext	375	1328	375	344	344	328	**312**	328
driverlogw-05c-sat_ext	2000	2422	1953	2078	1782	1938	**1703**	1813

　　为进一步说明新提出算法的全面优势，实验围绕#ccks 和#nodes 两项技术指标展开，并且采用相同的测试实例类。主要实验结果如图 5.2 和图 5.3 所示。

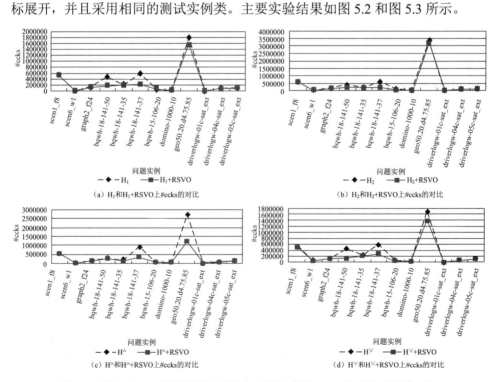

图 5.2　结合 RSVO 前后四种自适应分支策略求解 CSPs 约束检查次数对比

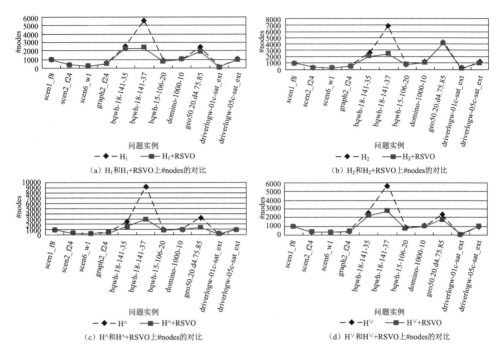

图 5.3 结合 RSVO 前后四种自适应分支策略求解 CSPs 搜索树生成结点数对比

图 5.2 中两种线形分别表示结合 Survivors-first 学习型值排序启发式 RSVO 前后四种自适应分支策略求解 CSPs 的约束检查次数对比结果。可见，自适应分支策略结合 Survivors V-O-H 后，约束检查次数均不大于结合之前的情况。同样，图 5.3 中两种线形分别表示结合 Survivors-first 学习型值排序启发式 RSVO 前后四种自适应分支策略求解 CSPs 的搜索树生成结点数对比结果。一样可以清晰看出，自适应分支策略结合 Survivors V-O-H 后，搜索树生成结点数均不大于结合之前的情况。综上所述得出结论，四种自适应分支启发式策略在结合 RSVO 之后，约束检查次数和搜索树生成结点数都得到了相应的改善，特别在有些实例上，改善显著。例如，在 bqwh 类上，总体效率比之前提高了 2 倍多。此外，还有很多在某个自适应分支启发式上有显著改善的例子，比如在 $H^\wedge$ 上实例 geo50.20.d4.75.85 的表现。总之，从 CPU 运行时间、约束检查次数和搜索树生成结点数三项技术指标上均可看出：AdaptBranch^{surv} 在综合性能上优于原有的自适应分支算法。

4. 两种嵌入 V-O-H 的自适应约束求解算法对比

V-O-H 能使自适应分支策略在效率上有更进一步的突破。在一般的约束求解方法中，Survivors-first 以"针对避免 Look-ahead 中的计算开销"为特点在许多问题上优于 LVO，尤其是结构化问题。在自适应分支约束求解中，针对 LVO 启发式和 Survivors 启发式对这类自适应求解方法的影响也进行了详细的综合对比研究。首先，从 rlfapModscens、rlfapModGraphs、bqwh18_141、bqwh15_106、domino1、rlfapscens、geom、langford、hanoi1、driver 十类可满足问题（sat）以及 composed-25-1-25、rlfapModscens 和 QCPp-10 三类不可满足问题（unsat）中每类选出五个左右的实例，并在两种 V-O-H 和自适应分支策略结合的方式下分别进行测试，结果如表 5.4 所示。表 5.4 中对每类问题两种 V-O-H 胜出的比率进行了统计。例如，rlfapModscens 类中 H_1^{LVO} 的 60 表示，在此类实例中，60% 的实例应用 H_1^{LVO} 的效率高于应用 H_1^{surv} 的情况（表中将胜出比率高的情况均加粗显示）。特别说明，对于 langford 和 hanoi1 两类实例，两种情况之和小于 1 的原因是，剩余情况为两者效率相同。从表 5.4 中的比率值可以看出，在不同实例以及不同自适应分支启发式策略中，两种 V-O-H 表现出的性能大不相同，LVO 和 Survivors V-O-H 各有优势。对表 5.4 的结果进一步统计，结果如表 5.5 所示。表 5.5 统计的是两种 V-O-H 在不同自适应分支启发式下 sat 类和 unsat 类胜出实例类个数对比的情况。例如，H_2^{surv} 在 sat 类中对应的"6"表示，在 sat 问题中有六类问题 H_2^{surv} 胜过 H_2^{LVO}。

表5.4　Look-ahead自适应分支策略和Survivors-first自适应分支策略综合对比　　单位：%

	问题类	H_1^{LVO}	H_1^{surv}	H_2^{LVO}	H_2^{surv}	$H^{\wedge LVO}$	$H^{\wedge surv}$	$H^{\vee LVO}$	$H^{\vee surv}$
sat 类	rlfapModscens	**60**	40	0	**100**	**60**	40	0	**100**
	rlfapModGraphs	40	**60**	25	**75**	20	**80**	**60**	40
	bqwh18_141	20	**80**	20	**80**	20	**80**	20	**80**
	bqwh15_106	**75**	25	**75**	25	**75**	25	**75**	25
	domino1	**87.5**	12.5	**57.1**	42.9	**71.4**	28.6	**62.5**	37.5
	rlfapscens	50	50	20	**80**	0	**100**	0	**100**
	geom	50	50	**60**	40	40	**60**	25	**75**
	langford	0	**50**	0	**25**	0	**25**	25	25
	hanoi1	0	**25**	0	**25**	0	**50**	0	**50**
	driver	**83.3**	16.7	**80**	20	**60**	40	**71.4**	28.6
unsat 类	composed-25-1-25	**57.1**	42.9	**75**	25	0	**100**	50	50
	rlfapModscens	44.4	**55.6**	**66.7**	33.3	22.2	**77.8**	33.3	**66.7**
	QCPp-10	20	**80**	20	**80**	20	**80**	40	**60**

表5.5　Look-ahead自适应分支策略和Survivors-first自适应分支策略胜出实例类个数对比

实例类别	H_1^{LVO}	H_1^{surv}	H_2^{LVO}	H_2^{surv}	$H^{\wedge LVO}$	$H^{\wedge surv}$	$H^{\vee LVO}$	$H^{\vee surv}$
sat 类	4	4	4	6	4	6	4	5
unsat 类	1	2	2	1	0	3	0	2
合计	5	6	7	4	9	4	7

虽然 Look-ahead 和 Survivors-first 两种智能 V-O-H 对求解效率都有极大的提升作用，但它们对约束求解效率的影响，似乎无规律可言。笔者所在研究小组在

前期研究基础上进一步进行了深入的研究[157, 158]。

　　为清楚了解两者之间的差异，方便对智能 V-O-H 的进一步创新，研究组对两种智能 V-O-H 进行了详细比较。测试环境仍然是主频 1.90GHz、内存 1.00 GB 的 DELL 机。所不同的是，将测试实例范围广泛化，扩展研究标准测试库 Benchmark 中七种测试类 bqwh18_141、driver、geom、QCPp-20、rlfapGraphs、rlfapModGraphs、rlfapModScens 的可满足和不可满足两大类问题，并在每类中选取五种以上实例细化测试。

　　测试建立在两种程序环境下，一种是普通的约束求解模式下，即在 MAC[109] 过程引导的常规约束求解；另一种是在自适应约束求解模式下，具体为在 MAC 过程中嵌入文献[32]中两种自适应启发式的析取。在这两种模式下，分别引入 Look-ahead 和 Survivors-first 两种智能 V-O-H，比较分析两种智能 V-O-H 在两种模式下作用的不同。

　　（1）常规模式下比较

　　常规模式是指普通 MAC 过程引导的约束求解过程，也就是将回溯搜索与 AC 约束传播交替结合，不断过滤不相容的论域值，并依据固定分支选择方式，借助某种 VOH 和 V-O-H 选择合适的变量和实例化论域值，增量扩展部分解为完全解或以失败告终。在此，限定 VOH 为备受关注的 dom/wdeg，V-O-H 则分别用 Look-ahead 和 Survivors-first 两种智能排序方式进一步引导。实验后，研究小组得到的结果如表 5.6 和表 5.7 所示。

表5.6　sat问题类在常规模式下的效率比对

问题类	bqwh18_141	driver	geom	QCPp-20	
				easy	hard
Survivors-first	3	5	3	1	5
Look-ahead	2	1	2	4	0

表5.7　unsat问题类在常规模式下的效率比对

问题类	geom	QCPp-20
Survivors-first	6	3
Look-ahead	0	1

　　表 5.6 和表 5.7 分别是 Benchmark 中几个典型实例类在常规模式下的效率比对（以时间消耗作为比较对象），表中横行表示各实例类，竖列代表比对情况，交叉数据表示各种情况的实例个数，比如表 5.6 中最后一列"5"的表示，sat 问题类的 driver 类中测试了 6 个实例，其中有 5 个实例 Survivors-first 的求解效率要高于 Look-ahead 的求解效率。

　　从两个表中的测试数据可以看出，除了 QCPp-20 的 easy 类，其余的测试类借助 Survivors-first V-O-H 引导值选择排序的方式,效率均要高于 Look-ahead 引导的情况。这是由于 Survivors-first 在搜索的过程中,有效学习了传播信息,廉价搜索到了常被幸存传播的值用于加速个别问题求解,使约束求解的效率得到大幅度提升。

而对于 QCPp-20 的 easy 类,主要包括实例为 qcp-order20-holes187-balanced-13-QWH-20/qcp-order20-holes187-balanced-14-QWH-20/qcp-order20-holes187-balanced-15-QWH-20/qcp-order20-holes187-balanced-16-QWH-20 和 qcp-order20-holes187-balanced-17-QWH-20,进一步分析此类问题,发现这些实例约束松紧度较低,即约束上禁止的值对个数少,相比于 hard 类里的实例问题稍简单,因此较容易求解。带有学习过程的 Survivors-first 与无学习过程的 Look-ahead 对比便失去了优势。学习过程反而加重了时间消耗,因而效率降低。

基于求解过程所得数据,对于 bqwh 类中五个实例,也能够得出结论,简单的问题实例用 LVO 求解速度明显更快。Geo10 问题类也是如此。

（2）自适应模式下比较

自适应模式是指在常规 MAC 过程引导的约束求解模式基础上,嵌入文献[20]中两种自适应启发式的析取应用模式（简记为 Heur$^{\vee}$）,仍以增量扩展部分解为完全解或以失败告终为根本目标。VOH 仍然启用 dom/wdeg,在此基础上依次引入 Look-ahead 和 Survivors-first 两种智能 V-O-H 引导值选择过程。比较分析两种智能 V-O-H 的不同,结果如表 5.8 和表 5.9 所示。

表5.8　sat问题类在自适应模式下的效率比对

问题类	bqwh18_141	driver	geom	QCPp-20	
				easy	hard
Survivors-first	3	2	3	1	2
Look-ahead	2	4	2	4	3

表5.9　unsat问题类在自适应模式下的效率比对

问题类	geom	QCPp-20
Survivors-first	4	2
Look-ahead	2	2

表 5.8 中 driver 和 QCPp-20 中各有 3 个实例由常规模式下 Survivors-first 的效果好,转变成自适应模式下 Look-ahead 效果胜出。表 5.9 中的两个类中也分别有 2 个和 1 个实例发生了同样的效果转变。究其原因可知,依据 Heur$^{\vee}$指导下的自适应约束求解模式把一部分时间放在自适应启发式的判断上,虽然在自适应过程之后,启发式有效地选择了一种分支策略继续求解,但在判断两种自适应启发式满足其一与否的过程中,消耗了相对多的时间;而在这些实例上,Look-ahead 搜寻

到的信息又恰好相对有效地减少了回溯次数，所以求解效率发生了逆转。

总结自适应模式下两种智能 V-O-H 引导值选择的规律，可知，在常规模式下，Survivors-first 在稍难问题实例求解上相对于 Look-ahead 效果要更好些，而在自适应模式下却加重了搜索负担，所以效率下降。Look-ahead 则适用于求解相对简单的问题实例。

（3）特殊实例分析

在测试中，有一类实例效果与其他实例差别很大（具体数据比对如表 5.10 和表 5.11 所示），它们就是 rlfapgraphs、rlfapmodgraphs 和 rlfapModScens。常规模式下，Look-ahead 的效果很明显，在自适应环境中，效果也很好，尤其是 rlfapModGraphs 类，特点更明显。这是与三类问题的结构密切相关的。

表5.10　sat中特殊问题类

问题类		rlfapGraphs	rlfapModGraphs	rlfapModScens
常规	Survivors-first	0	2	2
	Look-ahead	5	4	3
自适应	Survivors-first	5	2	3
	Look-ahead	0	4	2

表5.11　unsat中特殊问题类

问题类		rlfapModGraphs	rlfapModScens
常规	Survivors-first	1	1
	Look-ahead	5	4
自适应	Survivors-first	3	0
	Look-ahead	3	5

为探究问题的结构，研究小组借助 C++语言，以 rlfapModGraphs 中 sat 类里的实例 graph2_f24、graph8_f10、graph14_f27 为例（这三个实例应用 Look-ahead 效果更突出），绘制出三个实例问题的结构图，如图 5.4～图 5.6 所示。

图 5.4　graph2_f24 问题结构

图 5.5　graph8_f10 问题结构

图 5.6　graph14_f27 问题结构

图中一条弧对应一个约束，弧的颜色深浅反映了弧的松紧度，也就是禁止值对数，即弧的颜色越深，其松紧度越大。从图中可以看出，这三个实例的结构，约束松紧度不高，密度较高。因此，在常规模式下，Look-ahead 效果更突出（结合三个实例在两种模式下的运行时间可以看出，具体如表 5.12 所示）。然而，在图中也可以看到，graph8_f10 和 graph14_f27 的密度比 graph2_f24 要高，所以在自适应模式下 graph2_f24 发生逆转，Survivors-first 效率明显提高。graph8_f10 和 graph14_f27 两个实例在 Look-ahead 下的效率并无明显变化。

表5.12　三个实例在两种模式下的运行时间比对　　　　单位：ms

问题实例	标准	常规模式		自适应模式（Heur$^{\vee}$）	
		Look-ahead	Survivors-first	Look-ahead	Survivors-first
graph2_f24	time	78	1110	235	78
graph8_f10	time	6890	13172	4125	18797
graph14_f27	time	3890	4953	1250	2219

鉴于 V-O-H 对 CSP 求解效率的深远影响，研究小组在现有约束求解方法基础

上，分别在常规和自适应两种模式下，比较了 LVO 和 Survivors-first V-O-H 两种智能 V-O-H 的效率表现。为全面表现两种 V-O-H 的特性，验证过程建立在 bqwh18_141、driver、geom、QCPp-20、rlfapGraphs、rlfapModGraphs、rlfapModScens 七类问题上，并且包含 sat 和 unsat 两方面。实验数据表明，在多数问题类上，常规情况下 Survivors-first 效果要更好些，而在自适应环境下 Survivors-first 加重了搜索负担，所以效率有所下降。

随着对约束求解方法研究热情的高涨，自适应约束求解策略得到了越来越多研究者的重视。自适应分支策略以根据特定条件选择最合适的分支方式为最终目标，减少冗余开销，从而达到提高约束求解效率的目的。单独在分支策略上的自适应不能将搜索效率的提高推向极致，本书更多考虑的是将其与对提高效率大有帮助的 VOH 以及 V-O-H 的结合。对于 VOH 的近期发展已经在第 4 章详细阐述，而针对 V-O-H 对约束求解效率的影响，还有待进一步研究。近几年，学习型值排序启发式 Survivors-first 作为另外一种提高求解效率的途径也备受关注。它避免了用 Look-ahead 去预测一个最可能成功的值的开销，学习和运用搜索中那些经常幸存传播的值。本部分基于新近提出的自适应分支约束求解框架，将 Survivors V-O-H 与自适应分支策略结合，得到一种新的约束求解算法 AdaptBranch^{surv}，并在标准测试库 Benchmarks 中进行充分比较实验。实验结果验证，加入 Survivors V-O-H 的自适应分支约束求解方法能显著提高约束求解的效率。未来工作将深入探讨问题结构，并考虑将学习型值启发式应用到自适应约束传播[33, 68]中，以寻求提高约束求解效率方法的新突破。

本 章 小 结

本章从约束求解过程中的值选择环节入手，研究自适应值选择约束求解方法。主要对以下内容进行深入研究：首先介绍了典型的 V-O-H，并在其基础上详述了自适应值选择的相关方法和内容；接着重点介绍了 Survivors-first 学习型 Survivors V-O-H，讨论通过廉价的学习在传播中找到更有希望值的方法，并借助启发式将这些值应用于加快个别问题的求解；关键部分在于借助 Survivors V-O-H，将自适应值选择与自适应分支选择结合，设计算法 AdaptBranch^{surv}，通过实例对算法进行评测，验证算法的高效性；然后将 AdaptBranch^{surv} 算法与 AdaptBranch^{LVO} 算法在相同实例上进行比较测试，借助实验数据说明 AdaptBranch^{surv} 对提高约束求解效率的明显优势；最后得出结论：自适应值选择约束求解方法能够明显提高求解效率。

第6章 自适应约束传播

6.1 引 言

自适应约束求解的最后一个切入点就是在约束传播的过程中实现自适应,这也是最关键的一个切入点。沿着这个目标的一条重要线索便与在搜索中应用动态适应局部相容级别的方法相关。

从一般意义上讲,考虑求解 CSP 算法的两个途径是推理和搜索,这两方面经常组合到一起应用。CSP 推理技术的主要发展是在 20 世纪 70 年代,伴随着约束传播网络相容性算法的发现和发展而逐步盛行。约束传播是推理技术中最重要的一种,它的推理过程是从约束或论域的一个子集推理到更受限制的约束或论域。整个推理过程按局部相容属性进行调整,这个属性描述着解中值或值的集合的必要条件。经过这样一个推理过程,约束传播可以从需要访问的有限搜索空间中删除大部分子空间,这也是其重要性的真正体现。伴随着搜索空间的缩减,约束问题也得到了极大简化,那么,约束传播能够显著提高解搜索效率的事实也就顺理成章。因此,约束传播是影响约束求解算法效率和适应性的关键因素。

多年来,学术研究者一直不遗余力地对约束传播这个无处不在的概念做形式化和描述工作,随即提出各种各样的约束传播算法。典型的里程碑是出现在一篇有关场景标记博士论文中的 "Waltz filtering" 约束传播算法[76],这个算法建立在 Huffman[159]和 Clowes[160]工作基础之上。Montanari 研究了 PC,并建立起一个表示和推理约束的一般框架[92]。1977 年,Mackworth 在提出一个 "关系网络中的相容性" 的一般框架和 AC 以及 PC[72]的新算法之前,将约束引入机器视觉[161]。Freuder 在完成有关 "active vision" 的博士论文后,将 AC、PC、K-相容的相关内容广义化[162]等。显然,局部相容是约束传播发展的一条主线。相应地,对约束传播的研究便转向了对局部相容的研究。

在约束程序设计中,对于一个问题的约束可应用的局部相容传播方法有很多种,包括广泛使用的 GAC[72]以及 SAC[33, 86]、BC[33]、PC[33]、maxRPC[101]等(参考背景知识),它们的过滤能力各不相同。在传统搜索过程中,从始至终对所有约束都采用同一种约束传播方法。实际上约束各具特性,用一种约束传播方法很难保证对每个约束都有效。先进的求解器可以让建模者在一系列传播方法中为某些约束选择某个方法。但由于在约束间存在着复杂的交互,因此,在建模阶段,决定对某些约束应用哪种传播方法就成了一项艰难的工作。最理想的状态是在不受用户影响的情况下，为约束自动选择适当的约束传播方法。

自动选择适当的约束传播方法，一个重要的途径是考虑时间和空间开销，充分根据约束传播方法和约束的特性，构建自适应性约束传播方法。即尽量为删除能力强的约束选择过滤能力强的传播方法，反之亦然。

6.1 节借助对约束传播重要性的阐述突出自适应约束传播的意义，自然引出自适应约束传播方法；6.2 节介绍本书的研究重点——两种约束传播方法之间的自适应约束传播，主要为基于比特位操作的自适应约束传播方法和在 AC 与 LmaxRPC 之间自适应约束传播的方法，两种方法分别在不同程度上提高了约束求解的效率，达到了预想效果，并介绍相应算法实现及相关评测；6.3 节阐述多种约束传播策略之间学习型自适应约束传播的思想，为进一步研究铺垫基石；最后对自适应约束传播的相关工作进行了总结。

6.2　两种约束传播方法之间的自适应传播

本节是全书的重中之重，研究两种约束传播方法之间的自适应传播。首先介绍几种自适应约束传播启发式，然后在此基础上详细介绍基于比特位操作的自适应约束传播方法和在 AC 与 LmaxRPC 之间自适应约束传播的方法，给出算法框架并对算法进行了相关评测。

6.2.1　自适应约束传播启发式

典型的自适应约束传播思想是利用上述"充分考虑约束传播方法和约束的特性"途径巧妙地切换强弱传播方法。

2004 年，Boussemart 等[25]提出的 VOH 利用来自域空的信息去识别高度活跃的约束，并且将搜索集中在导致重要开销的问题的困难部分。2008 年，Stergiou[31]针对搜索中得到的域空和值删除这些信息是怎样被利用的，说明不仅可以用于进行变量选择，而且还可以用于动态适应在问题约束上实现的约束传播的级别。在此基础上，研究了一些效果突出的自适应约束传播启发式，这些启发式可以实现在执行一个弱却开销低的局部相容和一个强却开销高的局部相容之间动态切换，切换依据是个别约束的活跃程度。部分启发式策略概括如下。

1. $H_1(l)$：半自动 DWO 监控启发式

启发式 H_1 监测并记录问题中约束的校验和 DWO 的次数。如果约束 c 从上次 DWO 开始，Revise(c)调用的次数小于或等于界值 l（l 由用户定义，即 rev[c]-dwo[c]≤l），则用强局部相容 S 传播；否则，用弱局部相容 W 传播。

2. H_2：全自动或半自动删除监控启发式

H_2 监测校验和值删除的情况。只要 del[c]=T，则约束 c 用强局部相容 S 传播；否则，用弱局部相容 W 传播。H_2 的半自动版本是通过考虑到一个用户定义的 l，l 是最近一次有效校验之后的校验次数。如果 l 被设置成 0，则得到 H_2 的全自动版本。

3. H_3：全自动半自动混合启发式

H_3 是 H_2 的一个精细化版本，它监测校验、值删除和 DWO 的情况。只有当 del_S[c]=T 时，约束 c 才用强局部相容 S 传播；否则，用弱局部相容 W 传播。一旦约束导致了一次 DWO，del_S[c] 则被置成 T，且再次开始对 S 影响的监测。若未导致 DWO，一旦 del_S[c] 被置成 F，此后，约束将用弱局部相容 W 传播。H_3 的半自动版本是通过考虑一个用户定义的 l，l 表示从最后一次删除 W 相容却不是 S 相容的值的那次校验之后仅删除 W 不相容值或不删除任何值的校验次数。

4. H_4：全自动或半自动 deletion 监测启发式

H_4 监测值删除的情况。对任意约束 c，H_4 应用弱局部相容 W 传播，直到 del_W[c] 变成 T，则用强局部相容 S 传播。换言之，如果 W 至少从变量 $x \in$ var(c) 的域中删除了一个值，则将 S 应用在 D(x) 的剩余可用值上进行传播。H_4 也可以成为半自动化的，方法是通过保证仅当当前对 c 的校验中 x 论域内比例 p 的值被 W 删除时才应用 S 传播。当 p 的值非常高时，S 只当导致 DWO 时才会被应用。

一个约束 c，其中 var(c)={x_i, x_j}，用一种局部相容 A 的校验过程，是检查是否 x_i 的值符合属性 A 的过程。在二元问题中，对弧(x_i, x_j) 的校验是核实是否 D(x_i) 中所有值在 D(x_j) 中都有支持的过程。如果一次校验至少删除了一个值，则说明这次校验是有效的，并称其为有效校验（fruitful revision）；如果一次校验没有删除任何值，则说明这次校验是冗余的，并称其为冗余校验（redundant revision）。DWO 校验是导致了域空的校验，即这次校验从论域中移去了最后一批剩余值。另外，对于每个 $c \in C$，启发式记录了下面的信息。

1）rev[c] 是一个计数器，记录了 c 被校验的次数，c 被校验一次，rev[c] 则加 1。

2）dwo[c] 是一个整数，表示最近一次由 c 导致的 DWO 发生在哪次校验中。

3）del[c] 是一个布尔标志，表示是否最近一次对 c 的校验导致了至少一个值删除（del[c]=T 或 F）。

4）del_S[c] 是一个布尔标志，表示是否最近一次对 c 的校验识别并删除了至少一个 W 相容却不是 S 相容的值。如果标志为 T，当且仅当删除了一个 W 相容却非 S 相容的值，否则，del_S[c] 被置成 F。

5）del_W[c] 是一个布尔标志，表示是否对 c 的当前校验导致了至少一个值删除（del_W[c]=T 或 F）。

四种自适应启发式及其析取、合取应用利用 DWO 和值删除等反映约束活跃程度的关键信息，在不同约束传播方法之间自由导向，表现出良好的求解效率。

6.2.2　基于比特位操作的自适应约束传播

在现有约束传播算法研究的基础上，提出一种基于比特位操作的自适应约束传播算法 AC_MaxRPC_Bitwise[163]。该算法在寻找 AC 支持及 PC 支持中引入基于比特位的数据结构，并利用比特位操作加速 AC 支持和 PC 证据搜索，从而提高自适应约束传播的效率，进一步凸显了自适应约束传播的优势。对几类典型 Benchmarks 问题的测试结果表明，算法 AC_MaxRPC_Bitwise 在总体性能上明显优于 AC 及原自适应约束传播算法。

1. 背景知识

CSP 的求解是人工智能领域研究的热点。约束传播是影响约束求解算法效率和适应性的关键因素。当前，约束传播的研究已经发展到一个新阶段，具有不同能力的约束传播和推理方法相继推出，包括早期的 FC、广泛使用的 GAC 以及 maxRPC、SAC 等[2]。当前面临的主要问题是，尽管在约束求解过程中有多种约束传播算法可供选择，但实际搜索中却只采用一种。CSP 中约束各具特性，不能保证同一种约束传播方法对每个约束起效。因此，应充分考虑约束传播算法和约束的特性，构建自适应性约束传播方法，从根本上提高算法的效率和"智能性"。

在自适应约束求解算法研究方面，当前工作更多考虑为更好地应对结构化问题而设计各种启发式策略，如 2004 年，Boussemart 等人提出两个基于"conflict-driven"的 VOH 策略[25]；2007 年，Grimes 和 Wallace 提出面向加权约束的基于变量值删除的启发式策略[26]。虽然这些工作对提高约束传播和搜索效率起到一定作用，但仍缺乏关键的、对问题特性应对的信息。

比特位操作与相容性技术的结合是由 Lecoutre 在 2008 年提出的[164]，主要工作是利用比特位操作改进局部 AC 性技术。Guo 等[165]在前期工作中，将比特位操作运用于 maxRPC 中，显著提高了 PC 证据的搜索效率。到目前为止，鲜有文献将比特位操作应用于自适应传播。Stergiou[31]提出自适应约束传播框架及几种启发式策略，实现了一定程度的自适应约束传播。

在此框架下，本书引入比特位操作，提出一种新的高效自适应约束传播算法 AC_MaxRPC_Bitwise，利用启发式 H_1 和 H_2 的析取[31]（简记为 $H^{\vee}_{12}$），按照切换条件对相应传播事件做出应对，在强、弱约束传播方法之间切换。这里的弱约束传播方法采用的是基于比特位操作的 AC（简记为 $AC^{bitwise[164]}$），强约束传播方法采用的是基于比特位操作的 maxRPC（简记为 $maxRPC^{bitwise[165]}$）。具体工作原则是，当启发式得出弱约束传播方法足够删除不相容的值时，可避免使用开销巨大的强约束传播方法，从而使约束传播自适应到 $AC^{bitwise}$；当约束删除能力较强时，自适应到 maxRPC^{bitwise}。在几类 Benchmarks 问题上进行对比实验，从搜索时间及约束检查次数上可知，AC_MaxRPC_Bitwise 较 AC 及文献[31]中提出的 AC 与 maxRPC 之间自适应约束求解方法有明显的性能优势。

2. 基本概念

在一个 CSP 中，验证一个元组是否满足约束 c 的过程称为一次约束检查。一个元组 $\tau \in rel(c_i)$ 是有效的，当且仅当元组中没有值从相应变量的域中被移除。二元 CSP 是每个约束包括最多两个变量的 CSP。在二元 CSP 中的支持检查仅仅是核实是否两个值互相支持的过程。在二元 CSP 中，对弧(x_i, x_j)的校验是核实是否 $D(x_i)$ 中所有值在 $D(x_j)$中都有支持的过程。

对于 AC、PC、maxRPC 的定义以及相应支持的概念，可参见定义 2.2、定义 2.4 和定义 2.5。值得注意的是，maxRPC 比 AC 强，它移去的不仅是没有 AC 支持的值，还有那些没有 PC 支持的值。

比特位操作用 Word 数组来表示论域和约束。依据文献[164]中二进制表示法，一个 Word 可被看成一个机器字长的位序列，以 32 位处理器为例，每个 Word 都是一个 32 位的序列。那么，如何用 Word 数组来表示域和约束呢？首先用一个 Word 数组 bit_dom[x]表示变量 x 的论域。此数组中每个 Word 的每一位都与变量 x 论域中的一个值联系到一起，如果将这些位从 0 开始索引排号，则论域中的每个值将对号入座，但是存入相应号位的不是域值而是 0 或 1。当某位存储的是 1 时，表示这位相对的值在论域中；当某位存储的是 0 时，则表示不在论域中。这样就可以用一组 Word 表示任意长度的整个论域。另外用一个 Word 数组 bit_Sup[c, x, a] 表示约束关系。这个数组是（x, a）在约束 c 中支持的二元表示。对于有约束关系 c 的两个变量 x 和 y，a 和 b 分别对应 x 和 y 域中的值，如果（y, b）是（x, a）的支持，则将 bit_Sup[c, x, a]数组中 b 值所在位用 1 表示；反之，用 0 表示。这样就可以对变量 y 论域中的每个值是否是（x, a）的支持在 bit_Sup[c, x, a]数组中相应位进行表示。如果 x, y 论域大小都为 d，则数组 bit_dom[x]和 bit_Sup[c, x, a]的大小就是[$d/32$]，即数组 bit_dom[x]和 bit_Sup[c, x, a]包含[$d/32$]个 Word。

Guo 等[165]在前期工作提出的算法中，当搜索 PC 证据时，用比特位操作代替约束检查的执行。假定要搜索证据的第三变量 z 的论域大小是 d，那么，在最坏情况下，仅需执行 2*[$d/32$]次比特位操作。

为了用最小代价删除最多值，自适应约束传播方法需从两方面考虑：一是代价要小；二是在代价小的基础上删除更多的值。有些自适应方法即便能删除很多值，但因强相容性方法耗时多而当自适应到此相容性方法后，使整个自适应方法耗时巨大。从删除能力和耗时两个方面分析对自适应方法的影响：当前者对自适应方法的影响大于后者时，自适应方法的能力随之凸显出来；反之，自适应方法在很多实例上的效率甚至不如 MAC。本节围绕这个问题，将比特位表示法应用于自适应约束传播方法上，使自适应约束传播方法在保持删除能力的基础上，耗时减少。

3. AC_MaxRPC_Bitwise 算法

AC_MaxRPC_Bitwise 算法描述如图 6.1 所示。

Function AC_MaxRPC_Bitwise $(X, C, \text{List}, \text{H}^{\vee}_{12})$

1. **While** List$\neq\varnothing$
2. 　Remove c, with var $(c) = \{x, y\}$, from List;
3. 　　adpt←choice $(c, \text{H}^{\vee}_{12})$;
4. 　　**if** adpt=Strong **then** Revise $(c, x, \text{Strong}^{\text{bitwise}})$;
5. 　　**else** Revise $(c, x, \text{Weak}^{\text{bitwise}})$;
6. 　　**if** $D(x)$ changed **then**
7. 　　　　**if** $D(x) =\varnothing$**then return** Failure;
8. 　　　　**else** update List;
9. 　**return** Success;

图 6.1　AC_MaxRPC_Bitwise $(X, C, \text{List}, \text{H}^{\vee}_{12})$ 函数描述

AC_MaxRPC_Bitwise 算法在原自适应传播方法框架[31]的基础上进行改进，通过引入比特位操作实现对约束的强弱相容校验。一方面使用数据结构 LastAC 和 LastPC，对 C 中每个约束 c 和 X 中每个变量 x 论域中每个值 a，LastAC$_{x, a, y}$ 和 LastPC$_{x, a, y}$ 分别指出了 y 论域中最近发现的 (x, a) 的 AC 支持和 PC 支持的比特位位置。在后面搜索新的 PC 支持时，是从 y 论域中第一个值开始取值的。初始时，所有的 LastAC 和 LastPC 指针都被设定在特定值 NIL 上，此值在任意域中被认为位于所有值前面。另外，算法还用到 bit_dom 和 bit_Sup 两个数据结构。

算法开始时，先将需要传播的约束放入传播队列 List 中，每取出一个约束，便根据启发式 $\text{H}^{\vee}_{12}$ 选择强相容或弱相容约束传播方式。不论选择哪种传播方式，只要校验之后变量 x 的论域发生变化，就根据变化的程度判断是在传播队列中加入新的相关约束继续传播还是失败告终（此种情况 x 域空）。直到 List 中无待传播约束且 x 论域不再发生变化时，便成功结束。

AC_MaxRPC_Bitwise 算法的核心部分在 Revise$(c, x, \text{Strong}^{\text{bitwise}})$ 和 Revise$(c, x, \text{Weak}^{\text{bitwise}})$ 上，前者是对变量 x 论域中的每个值先判断在约束 c 上是否有弱相容支持，如果没有，则说明弱相容能够将此值删除；如果有，再去判断是否有强相容支持。后者是对变量 x 论域中的所有值都先用弱相容校验一遍是否有支持，校验之后如果有值删除，再对 x 论域中的每个值用强相容校验是否有支持。下面给出两个函数的描述，具体如图 6.2 和图 6.3 所示。

Function Revise $(c, x, \text{Strong}^{\text{bitwise}})$
1.　　rev$[c]$++;
2.　　**for each** $a \in D(x)$
3.　　　　**if** fw (c_{xy}, x) = true **then**
4.　　　　　　delete a from $D(x)$; del_$[c]$ ←rev$[c]$;
5.　　　　**else if** fs (c_{xy}, x, C, X) = true **then**
6.　　　　　　delete a from $D(x)$; del_$[c]$ ←rev$[c]$;
7.　　**if** $D(x) = \varnothing$ **then**
8.　　　　dwo_$[c]$ ←rev$[c]$;

图 6.2　Revise $(c, x, \text{Strong}^{\text{bitwise}})$ 函数描述

Function Revise $(c, x, \text{Weak}^{\text{bitwise}})$
1.　rev$[c]$++;
2.　del_w=false;
3.　**for each** $a \in D(x)$
4.　　　**if** fw (c_{xy}, x) = true **then**
5.　　　　delete a from $D(x)$; del_w=true; del_$[c]$ ←rev$[c]$;
6.　**if** del_w=true **then**
7.　　**for each** $a \in D(x)$
8.　　　**if** fs (c_{xy}, x, C, X) = true **then**
9.　　　　delete a from $D(x)$;
10.　**if** $D(x)= \varnothing$ **then**
11.　　dwo_$[c]$ ←rev$[c]$;

图 6.3　Revise $(c, x, \text{Weak}^{\text{bitwise}})$ 函数描述

在 Revise $(c, x, \text{Strong}^{\text{bitwise}})$ 和 Revise $(c, x, \text{Weak}^{\text{bitwise}})$ 中，rev$[c]$ 中记录的是校验次数，del_$[c]$ 记录的是 c 的最近一次导致至少一个值删除的校验。无支持时，使其值记为导致删除的校验位置。dwo_$[c]$ 记录由 c 导致的最近一次域空发生在哪次校验中。其中，判断是否有强、弱相容支持时使用的是比特位操作方法，在论域和约束的表示中采用的是二元数组 bit_dom$[x]$ 和 bit_Sup$[c, x, a]$ 的形式，对 LastAC 和 LastPC 使用的也是比特位的表示方法记录在 Word 中的位置。主要调用的两个函数是 fw (c_{xy}, x) 和 fs (c_{xy}, x, C, X)，函数描述如图 6.4 和图 6.5 所示。

Function fw (c_{xy}, x)
1. w=true;
2. **if** LastAC$_{x, a, y} \neq$ NULL **then**
3.　**if** bit_Sup$[c_{xy}, x, a]$[LastAC$_{x, a, y}$] & bit_dom$[y]$[LastAC$_{x, a, y}$] ≠ZERO **then**
4.　　　w=false;
5.　　　**return** w;
6. **for** i=0, ···, bit_dom$[y]$.length-1 **do**
7.　**if** bit_Sup$[c_{xy}, x, a][i]$ & bit_dom$[y][i]$ ≠ZERO **then**
8.　　　LastAC$_{x, a, y}$ =i;
9.　　　w=false;
10.　　　**return** w;
11. **return** w;

图 6.4　fw (c_{xy}, x) 函数描述

Function fs (c_{xy}, x, C, X)

1. s=true
2. **if** LastPC$_{x,a,y}$ ∈ D (y) **then**
3. s=false; **return** s;
4. **else**
5. v = first value in D (y);
6.   **for each** b ∈ D (y), $b ⩾ v$
7.   pcwitness=true;
8.   **if** In (bit_Sup[c_{xy}, x, a], (y, b)) =true **then**
9.   **for each** z ∈ X s.t. c_{xz} ∈ C and c_{yz} ∈ C
10.   Havepcwit=false;
11.   **if** LastAC$_{x,a,z}$ ≠ NIL **then**
12. i = LastAC$_{x,a,z}$;
13.   **if** (bit_Sup[c_{xy}, x, a][i] AND bit_Sup[c_{yz}, y, b][i] AND bitdom[z][i]) ≠ ZERO **then**
14.   Havepcwit=true;
15.   **goto** proceed;
16.   **if** LastAC$_{y,b,z}$ ≠ NIL **then**
17. j= LastAC$_{y,b,z}$;
18.   **if** (bit_Sup[c_{xz}, x, a][j] AND bit_Sup[c_{yz}, y, b][j] AND bitdom [z][j]) ≠ ZERO **then**
19.   Havepcwit=true;
20.   **goto** proceed;
21.   **for each** i ∈ {0, ···, bit_Sup[c_{xz}, x, a].length-1}
22.   **if** (bit_Sup[c_{xz}, x, a][i] AND bit_Sup[c_{yz}, y, b][i] AND bitdom[z][i]) ≠ ZERO **then**
23.   LastAC$_{x,a,z}$ = i; LastAC$_{y,b,z}$ = i; Havepcwit=true;
24.   **break**;
25. **proceed:**   **if** Havepcwit=false **then**
26.   pcwitness=false;
27.   **break**;
28.   **if** pcwitness≠false **then**
29.   LastPC$_{x,a,y}$ = b; LastPC$_{y,b,x}$ = a; LastAC$_{x,a,y}$ = i; div 32
30. s=false; **return** s;
31.   **return** s;

图 6.5　fs (c_{xy}, x, C, X)函数描述

　　函数 fw 主要判断 a 是否在 c 上无弱相容支持，返回真，表示无弱相容支持。主要做两种情况的处理：一种是（x, a）在 y 论域中的最近弱相容（AC）支持仍存在（通过 bit_Sup[c_{xy}, x, a][LastAC$_{x,a,y}$] &bit_dom [y][LastAC$_{x,a,y}$] ≠ZERO 实现），直接返回有弱相容支持，对应描述中 2~5 行；另一种是原最近弱相容支持已不存在，需在 y 的现有论域中重新找一个（通过 bit_Sup[C_{xy}, x, a][i] & bit_dom[y][i] ≠ZERO实现），对应 6~10 行。bit_dom[y].length 表示 bit_dom 数组的大小，即 Word 的个数。第 3 行和第 7 行中 ZERO 表示一个 32 位的序列都设成 0，&是位操作符，它在 32 对相应位上同时执行一个逻辑与操作。

　　fs函数判断a是否在c上无强相容支持，返回真，表示无强相容支持。函数主

要查看（x, a）在y论域中是否无PC支持。此处也是两种情况：一是原最近PC支持仍存在（对应第2行）；二是原最近PC支持不存在，去寻找是否存在新的PC支持（对应第4行往后）。在判断是否有新的PC支持时，必须确定其是否有PC证据。10～24行是验证是否有PC证据，第8行的In ($bit\_Sup[c_{xy}, x, a], (y, b)$)表示$bit\_Sup[c_{xy}, x, a]$数组中（$y, b$）对应位是否为真。

4. 实验评测

为证明算法优势，对算法采用 Christophe Lecoutre 主页的多个 Benchmarks 问题实例进行评测。算法采用 d-way 分支策略，dom/wdeg 变量排序启发式和字典序值排序启发式，将 AC_MaxRPC_Bitwise 和 MAC 及原自适应算法进行比较，考察 CPU 时间开销和约束检查次数两项技术指标。CPU 时间单位是 ms，记为 cpu，约束检查次数记为#ccks。对于 AC_MaxRPC_Bitwise 算法，#ccks 相当于比特位操作的数目。将 AC_MaxRPC_Bitwise 算法应用于搜索中，得到它与 MAC 和原自适应算法的对比结果。选取部分结果，依据提高幅度将结果分成两类，具体如表 6.1 和表 6.2 所示，最优情况均用粗体标记。对比表明，AC_MaxRPC_Bitwise 算法在时间开销和约束检查次数方面都明显优于 MAC 以及原自适应算法。

表6.1　实验结果1

问题实例	标准	MAC	原自适应算法	AC_MaxRPC_Bitwise 算法
scen11_f10-donum5-D652-v680-r53-c4103	cpu	7203	7389	**6443**
	#ccks	**1699162**	5832304	3952323
graph2-donum5-D792-v400-r174-c2245	cpu	1539	1747	**1421**
	#ccks	**538109**	2847261	1543043
ewddr2-10-by-5-3-donum50-D152-v50-r265-c265	cpu	640	804	**381**
	#ccks	1014496	2070963	**962891**
ewddr2-10-by-5-5-donum48-D157-v50-r265-c265	cpu	483	950	**363**
	#ccks	951337	1990951	**946228**
ewddr2-10-by-5-6-donum48-D149-v50-r265-c265	cpu	519	768	**370**
	#ccks	904269	1856242	**846118**
enddr1-10-by-5-3-donum50-D126-v50-r265-c265	cpu	362	524	**270**
	#ccks	689998	1407317	**623700**
enddr1-10-by-5-4-donum49-D123-v50-r265-c265	cpu	359	513	**262**
	#ccks	659868	1337917	**599387**
enddr1-10-by-5-5-donum49-D129-v50-r265-c265	cpu	469	515	**254**
	#ccks	689522	1326918	**590271**

表6.2　实验结果2

问题实例	标准	MAC	原自适应算法	AC_MaxRPC_Bitwise 算法
ewddr2-10-by-5-2-donum47-D151-v50-r251-c265	cpu #ccks	884 931675	725 1956461	**348** **872883**
ewddr2-10-by-5-4-donum50-D155-v50-r265-c265	cpu #ccks	990 926562	712 1845829	**339** **849902**
enddr1-10-by-5-1-donum46-D128-v50-r265-c265	cpu #ccks	5674 2892253	2693 2875250	**1905** **2360141**
enddr1-10-by-5-6-donum49-D130-v50-r265-c265	cpu #ccks	1019 723007	707 1489046	**312** **692647**
scen6_w1-donum3-D792-v200-r86-c319	cpu #ccks	416 233194	252 322081	**193** **116270**
scen4-donum5-D792-v680-r371-c3967	cpu #ccks	5109 1949584	3704 3223369	**2939** **1104981**
qcp-order15-holes120-balanced-77-QWH-15-donum16-D15-v225-r237-c3150	cpu #ccks	762 **49619**	716 266146	**704** 226741
qcp-order15-holes120-balanced-3-QWH-15-donum16-D15-v225-r224-c3150	cpu #ccks	3953328 305561774	6463 1298752	**5598** **1091202**

　　表 6.1 中是在搜索中原自适应算法的执行效率没有 MAC 好，而 AC_MaxRPC_Bitwise 比 MAC 好的实例。从表 6.1 可知，原自适应算法在这些实例上删除能力对其影响没有耗时对其影响大，致使其不如 MAC，如 ewddr2-10-by-5-5 中的 950 和 483。引入了比特位操作之后，AC_MaxRPC_Bitwise 算法解决了这个问题，使自适应算法在保持删除能力的基础上，耗时减少，从而在时间上胜出。对于表 6.1 中多数实例，AC_MaxRPC_Bitwise 算法都比原自适应算法在效率上提高了 2 倍左右（如 ewddr2-10-by-5-6 中的 370 和 768，enddr1-10-by-5-5 中的 254 和 515），有些甚至提高了近 3 倍（如 ewddr2-10-by-5-5 中的 363 和 950）。另外，AC_MaxRPC_Bitwise 算法在效率上比 MAC 也有明显提高（如 scen11_f10 中的 6443 和 7203 等）。

　　由表 6.2 可知，在搜索中使用原自适应算法的执行效果比 MAC 好，而 AC_MaxRPC_Bitwise 算法是比原自适应算法更好的实例。由于原自适应算法删除能力的影响大于耗时的影响，因此原自适应算法在效率上比 MAC 好（如 enddr1-10-by-5-1 中的 2693 和 5674），有些甚至更好（如 qcp-order15-holes120- balanced-3 中的 6463 和 3953328）。引入比特位操作之后，AC_MaxRPC_Bitwise 算法比原自适应算法效率还要好（如 ewddr2-10-by-5-4 中的 339 比 712 的效率提高了 2 倍多），比 MAC 提高幅度更大（如 ewddr2-10-by-5-4 中的 339 比 990 的效率提高了近 3 倍）。在约束检查次数上，AC_MaxRPC_Bitwise 算法也有着强大的优势，如 ewddr2-10-by-5-2

中的 872883 比 1956461 效率提高了 2 倍多，与 931675 相比也有大幅度改善。

　　因此，从表 6.1 和表 6.2 可知，AC_MaxRPC_Bitwise 算法在效率和约束检查上具有优势，进而得出自适应方法是很有前途的，它可以在很多情况下优于经典 AC 算法。最近相继提出了 LmaxRPC3$^{rm[104]}$、SAC_SDS$^{[166]}$ 等约束传播算法，未来工作将考虑将这些算法引入自适应约束传播框架，以期望给出更高效的自适应约束传播算法。

6.2.3　基于 AC 与 LmaxRPC 的自适应约束传播

　　本小节提出一种新的自适应约束传播求解算法 ADAPT$^{AC\text{-}LmaxRPC\ [167]}$，该算法借助文献[31]中提出的四种启发式 H_1、H_2、H_3、H_4，根据约束的不同特性，动态地在传播能力强但开销高的 LmaxRPC 与传播能力弱却开销低的 AC 之间自适应地切换进行约束传播。多个 Benchmarks 实例类上的测试实验数据表明，ADAPT$^{AC\text{-}LmaxRPC}$ 算法有效地平衡了求解效率和算法开销之间的矛盾，大幅度提高了约束求解的效率。

　　1. 背景知识

　　前文已经给出 AC、PC 以及 maxRPC 的定义，具体可参见定义 2.2、定义 2.4 和定义 2.5。因此，可知 maxRPC 是一种比 AC 具有更强删除能力的局部相容技术，它比 AC 多删除了那些没有 PC 支持的值。然而，现有 maxRPC 算法受开销和冗余的困扰，因为算法中重复执行许多不能触发任何值删除的约束检查。因此，在搜索中运用 maxRPC 与运用 AC 相比虽然节省了搜索树的空间，但减慢了搜索过程。LmaxRPC 是 maxRPC 的近似算法，它仅传播 AC 支持的丢失，而不传播 PC 证人的丢失。LmaxRPC 相对于 maxRPC 来说取得了低层次的相容，但是仍比 AC 强，而且用于搜索中时，比 maxRPC 更划算。多个研究者的实验证实，LmaxRPC 是比 maxRPC 更好的选择。例如，Vion 和 Debruyne[103]通过利用支持的余数和一个回溯表以及高效的数据结构改善了 maxRPC 的性能，提出了 LmaxRPC^{rm}。Balafoutis 等 [104]提出的 LmaxRPC3 和 LmaxRPC3^{rm}利用数据结构，通过删除一些冗余去保证低的空间复杂性。虽然仅在实际中少删除了一些值，却可以避免许多冗余的约束检查，进而提高了搜索速度。

　　在自适应约束传播中，首要问题是基本传播方法的选择。既要考虑约束传播方法删除能力的差异，又要考虑其执行开销。鉴于 AC、maxRPC 和 LmaxRPC 三者的特性，考虑用 LmaxRPC 替换 maxRPC，在 AC 和 LmaxRPC 之间进行自适应约束传播。其次，自适应启发式能够在不同约束传播方法之间起到强烈的导向作用，选择一个合适的自适应启发式是自适应约束传播方法成功的关键。Stergiou[31]提出的四种自适应启发式利用 DWO 和值删除这些反映约束活跃程度的关键信息，在不同约束传播方法之间自由导向，表现出良好的求解效率。

① $H_1(l)$：启发式 H_1 监测并记录问题中约束的校验和 DWO 的次数。

② H_2：监测校验和值删除的情况。

③ H_3：H_3 是 H_2 的一个精细化版本。它监测校验、值删除和 DWO 的情况。

④ H_4：监测值删除的情况。

2. ADAPT$^{AC\text{-}LmaxRPC}$ 自适应约束传播算法

为进一步提高自适应约束求解的效率，以 AC 为弱相容（W），LmaxRPC 为强相容（S），并在自适应启发式 H_1、H_2、H_3、H_4 以及它们的析取和合取应用（简记为：$H^\vee_{12}$、$H^\vee_{124}$、$H^\vee_{134}$ 和 $H^\wedge_{12}$，$H^\vee_{12}$ 表示 H_1 和 H_2 两种启发式的析取，$H^\vee_{124}$ 表示 H_1、H_2 和 H_4 三种启发式的析取，$H^\vee_{134}$ 表示 H_1、H_3 和 H_4 三种启发式的析取，$H^\wedge_{12}$ 表示 H_1 和 H_2 两种启发式的合取）的指导下，研究了自适应约束传播算法 ADAPT$^{AC\text{-}LmaxRPC}$。ADAPT$^{AC\text{-}LmaxRPC}$ 传播框架描述如图 6.6 所示。

1.　　当传播队列 $Q \neq \varnothing$ 时；
2.　　从 Q 中移去一个约束 c ($var(c)=\{x_i, x_j\}$)，进行约束传播；
3.　　依据自适应启发式得到一个返回值，并把结果保存到变量 ADAPT 中；
4.　　如果 ADAPT=S，则用 Revise $(C, x_i, \text{LmaxRPC})$进行校验；
5.　　否则，用 Revise(C, x_i, AC)进行校验；
6.　　如果论域大小改变，则
7.　　　　如果论域为$\varnothing$，则返回 Failure；
8.　　　　否则，更新传播队列 Q；
9.　　返回 Success；

图 6.6　ADAPT$^{AC\text{-}LmaxRPC}$ 传播框架描述

该算法的输入为 X，C，Q，H。其中，Q 为传播队列，H 为某种自适应启发式，运用不同的自适应启发式，算法效率会有很大差别。该算法先把传播队列 Q 初始化为所有需要传播的约束集合，然后依次取出约束，根据启发式 H 选择强相容或弱相容方法进行约束传播。不论选择谁，只要校验之后变量论域改变，则根据变化程度判断是在传播队列中加入新的相关约束继续传播还是失败而终。直到 Q 中无待传播约束且 x 域不再发生变化时，成功结束。步骤 8 中的更新过程，就是将所有与当前传播变量相关的其他约束放入 Q 的过程。

在步骤 4 用 Revise $(C, x_i, \text{LmaxRPC})$进行强相容校验时，判断过程为：对当前变量 x_i 论域中每个值，若不是 AC 的，则删除；若是 AC 的，则用 LmaxRPC 相容方法再校验一次是否也有支持，即当前变量 x_i 论域中所有值校验完毕后，剩余的值都是 LmaxRPC 的。在步骤 5 中用 Revise (C, x_i, AC)进行弱相容校验时，判断过程为：对每个值，如果没有 AC 支持，则从当前变量 x_i 论域中删除；若有 AC 支持，接着判断下一个值，直到论域中所有值都用 AC 校验一遍后，才判断是否用强相容校验。即，只有当 AC 删除了值时，才用 LmaxRPC 校验。如果 AC 相容未删除任何值，那么所有值都是 AC 的，则不再用 LmaxRPC 继续校验，即最后当

前变量 x_i 论域中剩余值一定是 AC 的，却不一定是 LmaxRPC 的，因此 Revise(C, x_i, AC)比 Revise(C, x_i, LmaxRPC)要弱一些，详细的 Revise 过程可参见文献[31]。

3. 实验评测

为验证 ADAPT$^{AC\text{-}LmaxRPC}$ 算法优势，测试平台依旧选择 Christophe Lecoutre 整理的多个 Benchmarsk 问题实例对其进行测试。算法采用 *d*-way 分支策略，dom/wdeg 变量排序启发式和字典序值排序启发式。LmaxRPC 使用的是 LmaxRPC3 的 rm 版本[104]。具体选择的问题实例类有 qcp-15、qwh-20、frb30-15、bqwh15_106、rlfapGraphs、rlfapScens、rlfapModGraphs 等。所有实验都是在主频为 1.60 GHz，内存为 1.99 GB，操作系统为 Microsoft Windows XP Professional 的笔记本电脑上完成的；测试环境为 Eclipse，编程语言为 Visual C++。将 ADAPT$^{AC\text{-}LmaxRPC}$ 应用于搜索中，并和单独运用 AC 及 LmaxRPC 的算法进行比较，综合考察 CPU 时间开销（简记为 time，单位：s）、约束检查次数（简记为#ccks）和搜索树生成结点数（简记为#nodes）三项技术指标，得到两组实验结果。

第一组数据是应用 ADAPT$^{AC\text{-}LmaxRPC}$ 算法之后，约束求解的效率与在搜索中单独运用 AC 或 LmaxRPC 算法分别有大幅度提高的实例（即 ADAPT$^{AC\text{-}LmaxRPC}$ 算法成绩介于单独运用 AC 或 LmaxRPC 算法之间），如表 6.3 所示。表 6.3 所示为用各种约束传播方法进行约束求解的情况，表中结果表明，应用自适应约束传播求解方法之后，虽然得到的实验结果不是最优的，但相比于单独运用 AC 或 LmaxRPC 的情况，效率上有了实质性的提高。ADAPT$^{AC\text{-}LmaxRPC}$ 算法集合了 AC 和 LmaxRPC 的优点，在保证了求解效率的同时，适当避免了开销和冗余的困扰，减少了二者之间的矛盾。可以看到，在表 6.3 的实例 qcp-order15-holes120-balanced-21-QWH-15 中，几种自适应约束传播求解算法的 CPU 运行时间均远小于单独运用 LmaxRPC 的运行时间 1028.75，最优情况 563.06 则接近单独运用 AC 的运行时间 508.39。另外，实例 le-450-5a-4-ext 中单独运用 AC 的运行时间超过了两小时，而自适应约束传播求解方法的最好情况 1369.22 则比前者提高了 6 倍左右。表 6.3 中的 CPU 运行时间取的是十次运行的平均值，保留两位小数。

表6.3　ADAPT$^{AC\text{-}LmaxRPC}$自适应约束传播算法与AC和LmaxRPC算法CPU运行时间对比

（a）单独应用四种启发式与 AC 和 LmaxRPC 对比						
问题实例	AC	LmaxRPC	H_1	H_2	H_3	H_4
qcp-order15-holes120-balanced-21-QWH-15	508.39	1028.75	563.06	629.91	586.70	736.63
scen2	0.11	10.58	7.22	6.50	6.38	6.05
graph2	0.28	10.30	8.06	6.45	6.45	5.80
bqwh-15-106-0	2.06	8.02	5.74	4.20	3.89	5.72
qcp-order15-holes120-balanced-23-QWH-15	38.88	406.55	216.59	240.17	218.41	317.33

续表

问题实例	AC	LmaxRPC	H_1	H_2	H_3	H_4
qcp-order15-holes120-balanced-24-QWH-15	229.02	2645.45	1337.00	3220.55	2800.19	4891.16
graph12_w0	0.11	0.13	0.11	0.23	0.13	0.13
le-450-5a-4-ext	>2hours	303.95	2700.59	1678.30	2643.97	2043.20

（b）四种启发式的析取及合取应用与 AC 和 LmaxRPC 对比

问题实例	AC	LmaxRPC	$H^{\vee}_{12}$	$H^{\vee}_{124}$	$H^{\vee}_{134}$	$H^{\wedge}_{12}$
qcp-order15-holes120-balanced-21-QWH-15	508.39	1028.75	604.56	729.06	725.23	581.99
scen2	0.11	10.58	7.34	7.25	7.31	6.42
graph2	0.28	10.30	8.05	8.06	8.17	6.48
bqwh-15-106-0	2.06	8.02	5.81	7.28	7.19	3.84
qcp-order15-holes120-balanced-23-QWH-15	38.88	406.55	225.81	328.69	321.25	219.45
qcp-order15-holes120-balanced-24-QWH-15	229.02	2645.45	1504.11	2220.78	2231.84	2768.91
graph12_w0	0.11	0.13	0.13	0.13	0.11	0.13
le-450-5a-4-ext	>2hours	303.95	1369.22	1961.28	1864.81	3781.50

在第一组实验基础上展开实验，得到第二组实验结果。第二组实验结果显示的是应用 ADAPT$^{\text{AC-LmaxRPC}}$ 算法之后，自适应约束传播求解方法的综合效率与在搜索中单独运用 AC 或 LmaxRPC 算法的测试实例均有明显提高的实例，如表 6.4 所示。从表 6.4 可以看到，在实例 qcp-order15-holes120-balanced-20-QWH-15 中，自适应约束传播算法在最优情况下 $H^{\wedge}_{12}$ 的 8.38 比 AC 的 70.77 效率提高了近 9 倍，比 LmaxRPC 的 65.75 效率提高了 7 倍多，实例 frb30-15-5-bis 的最优自适应方式也比单独运用 AC 或 LmaxRPC 的效率提高了近 3 倍（表 6.4 中 CPU 时间开销最优情况均加粗显示）。从这些实例数据可以得知，应用了自适应约束传播求解算法之后，在遇到特定约束后，ADAPT$^{\text{AC-LmaxRPC}}$ 能根据需要适应到最合适的约束传播方法，因此，有效提高了约束求解的效率。

表6.4　ADAPT$^{\text{AC-LmaxRPC}}$自适应约束传播算法与AC和LmaxRPC算法性能对比

（a）四种自适应约束传播求解算法与 AC 和 LmaxRPC 算法性能对比

问题实例	技术指标	AC	LmaxRPC	H_1	H_2	H_3	H_4
qcp-order15-holes120-balanced-20-QWH-15	#nodes	26397	5254	23246	1946	2664	974
	#ccks	1.2E+07	4102089	1.3E+07	1658466	1919416	1327752
	time	70.77	65.75	40.34	10.19	8.95	13.00
qwh-order20-holes166-balanced-17-QWH-20	#nodes	205913	38529	92963	87731	94149	40877
	#ccks	1.1E+08	3E+07	9E+07	8.4E+07	9E+07	5.3E+07
	time	1276.89	1232.78	971.66	990.02	972.52	1045.50
frb30-15-5-bis	#nodes	1397	111	152	1241	1296	772
	#ccks	6368718	634336	663025	6210208	6038277	7573135
	time	3.25	2.30	0.86	7.84	7.08	16.58

续表

问题实例	技术指标	AC	LmaxRPC	H_1	H_2	H_3	H_4
geom-30a-6-ext	#nodes	30	30	30	30	30	30
	#ccks	3100	10609	12351	11321	11321	10761
	time	0.02	0.03	0.02	0.01	0.02	0.01
geom-40-4-ext	#nodes	5595436	3875568	4390968	4305793	4491937	3860145
	#ccks	92558200	63276531	84333666	90491015	86088689	86305518
	time	459.14	365.73	368.17	374.66	378.03	351.16

（b）四种自适应约束传播求解算法的析取合取变换与 AC 和 LmaxRPC 算法性能对比

问题实例	技术指标	AC	LmaxRPC	$H^{\vee}_{12}$	$H^{\vee}_{124}$	$H^{\vee}_{134}$	$H^{\wedge}_{12}$
qcp-order15-holes120-balanced-20-QWH-15	#nodes	26397	5254	18289	5349	5341	2481
	#ccks	1.2E+07	4102089	1.1E+07	6038178	6083493	1812501
	time	70.77	65.75	51.75	62.22	62.63	**8.38**
qwh-order20-holes166-balanced-17-QWH-20	#nodes	205913	38529	84917	41043	41537	95527
	#ccks	1.1E+08	3E+07	8.2E+07	5.3E+07	5.3E+07	9.2E+07
	time	1276.89	1232.78	**973.30**	1059.33	1067.83	979.52
frb30-15-5-bis	#nodes	1397	111	141	115	115	1339
	#ccks	6368718	634336	709278	902998	903479	5727790
	time	3.25	2.30	**1.03**	1.92	1.88	6.28
geom-30a-6-ext	#nodes	30	30	30	30	30	30
	#ccks	3100	10609	12351	12351	12351	11321
	time	0.02	0.03	0.02	0.02	0.02	**0.01**
geom-40-4-ext	#nodes	5595436	3875568	4139143	3875569	3875569	4561231
	#ccks	92558200	63276531	88271187	86855142	86861861	87172044
	time	459.14	365.73	362.73	**349.23**	351.95	382.78

此外，从表 6.4 的（a）和（b）两个子表中还可以看出，从综合实力上讲，四种启发式的析取形式相比于单独应用四种启发式以及它们的合取形式，更能准确探查出更合适的约束传播方法，例如在 frb30-15-5-bis 实例上，单独应用四种启发式的效率没有析取应用的效率高，合取应用的效率也相对析取应用的效率稍逊；而启发式的合取在某些特例上效率提高幅度比较明显，例如在 qcp-order15-holes120-balanced-20-QWH-15 实例上，合取表现尤为突出，这和问题本身结构有关。

综合考虑以上各实验数据，可清楚发现，新提出的自适应约束传播求解算法 ADAPT$^{\text{AC-LmaxRPC}}$ 有很强的竞争优势。因为 ADAPT$^{\text{AC-LmaxRPC}}$ 能够利用强弱约束传播方法的优点，在遇到某个特定约束后，根据约束的特性，自适应地选择合适的约束传播方法，即为删除能力强的约束选择过滤能力强的约束传播方法，而为删除能力弱的约束选择过滤能力弱的约束传播方法，最终实现在保证求解效率的同时，有效避免求解效率和算法开销间矛盾的目的。算法 $ADAPT^{AC\text{-}LmaxRPC}$ 不论从 CPU 时间开销上，还是从约束检查次数以及搜索树生成结点数上，综合性能都以较大优势胜出。

4. $ADAPT^{AC\text{-}LmaxRPC}$ 与 VOH 以及 V-O-H 的结合

（1）与 VOH 的结合。

由于 DVOs 无论从理论上还是实际应用上都优于静态变量排序启发式，因此本部分重点讨论的是前者。这里从新的角度比较常用的 VOH，这种对比是建立在自适应的基础上的。

扩展性在本章提出的自适应约束传播算法 $ADAPT^{AC\text{-}LmaxRPC}$ 中分别应用 dom 和 dom/wdeg 两种经典的动态 VOH 来引导变量的选择，自适应约束传播启发式采用的是 H_2。观察在自适应约束传播求解方法下两种启发式对求解效率的影响，以及与在 MAC 算法下相应启发式作用的趋势做出对比，实验结果如表 6.5 所示。为了准确比较这几种启发在自适应约束传播模式下和在单一约束传播方法（AC）下的作用趋势，挑选和表 4.1 中相同的实例进行分析，即均取自 Benchmarks 中的模式化问题、现实世界问题、学术问题以及随机问题类。衡量标准 CPU 运行时间为五次运行的平均值，保留三位小数。

表6.5　$ADAPT^{AC\text{-}LmaxRPC}$与MAC下启发式作用结果对比

实例	MAC		$ADAPT^{AC\text{-}LmaxRPC}$	
	dom	dom/wdeg	dom	dom/wdeg
bqwh-15-106-0	Win	Lose	Win	Lose
qcp-order15-holes120-balanced-21-QWH-15	Win	Lose	Win	Lose
qwh-order20-holes166-balanced-17-QWH-20	Win	Lose	Win	Lose
le-450-5a-4-ext	Win	Lose	Win	Lose
scen2	Win	Lose	Win	Lose
scen6_w1	Win	Lose	Win	Lose
graph2	Win	Lose	Win	Lose
graph2_f24	Win	Lose	Win	Lose
queens-5-5-3-ext	Equal	Equal	Equal	Equal
queens-5-5-4-ext	Lose	Win	Equal	Equal
frb30-15-5-bis	Win	Lose	Win	Lose
frb35-17-1-bis	Win	Lose	Win	Lose

表 6.5 为 dom、dom/wdeg 两种变量排序启发式分别作用于 MAC 和 $ADAPT^{AC\text{-}LmaxRPC}$ 算法框架下效率高低的对比数据。表 6.5 中 Win 代表使用对应变量排序启发式时，求解效率高于另外一种变量排序启发式，Lose 表示输给对方，

Equal 表示两者效率相等。细致观察两种算法下启发式作用的趋势，发现在 MAC 和 ADAPT$^{\text{AC-LmaxRPC}}$ 算法框架下，启发式作用的效果非常相似，在某种程度上近乎等同。也就是说，在 MAC 下效果明显的启发式，在 ADAPT$^{\text{AC-LmaxRPC}}$ 下也会产生良好效果，例如实例 bqwh-15-106-0 在 MAC 中 dom 胜出，而在 ADAPT$^{\text{AC-LmaxRPC}}$ 中也同样胜出。当然，也会有不一致的例子，例如 queens-5-5-4-ext，但 MAC 下此实例在 dom 和 dom/wdeg 下的值也只是 0.025 和 0.019 的区别。

　　这说明自适应约束传播约束求解方法虽然将一部分时间花费在选择一种最适合现状的约束传播技术上，但并没有完全影响到 VOH 的性能，VOH 的作用效果仍然主要受问题结构的影响。即在自适应约束传播约束求解方法下，VOH 同样会发挥应有的作用。

　　（2）与 V-O-H 的结合。

　　由于自适应约束传播求解方法本身会将一部分时间放在学习上，笔者所在研究组担心结合学习型 V-O-H 之后会进一步影响时间开销。因此，这里将几种 LVO（MC、MD、WMD 和 PDS，详见 5.2 节）和 Survivors V-O-H（RVO 和 RSVO 详见 5.3 节）嵌入 ADAPT$^{\text{AC-LmaxRPC}}$ 算法中，研究在自适应约束传播求解方法中，学习型 V-O-H 是否还会一如既往地保持优势。因为在上文结合 VOH 的 ADAPT$^{\text{AC-LmaxRPC}}$ 所选实例中，dom 效果明显，所以在此启发式基础上展开实验，实验结果如表 6.6 所示。

　　表 6.6 中，第 2～5 列是在 ADAPT$^{\text{AC-LmaxRPC}}$ 自适应约束传播框架以及 dom 变量排序启发式下嵌入 LVO 的 CPU 运行时间值（单位：s），第 6、7 列是同样情况下嵌入 Survivors V-O-H 的 CPU 运行时间值。在每个实例上，CPU 运行时间优胜的前两名均加粗显示，每个实例 LVO 对应四列数据中最快 CPU 运行时间用斜体标示。根据表 6.6 可知，在自适应约束传播求解方法下，Survivors V-O-H 依然保持着其在标准约束求解方法中的优势，可以看到，每个实例的最优两个 CPU 运行时间值几乎都出现在嵌入 Survivors V-O-H 的算法中（即出现在后两列），而且遥遥领先，如对应在实例 qcp-order15-holes120-balanced-20-QWH-15 上的数据。此外，在 LVO 对应的四列（第 2～5 列）数据中可以看出，斜体数据几乎出现在 MC 对应列，因此，MC 依旧是四种 LVO 中最有效的，这与 Frost 和 Dechter[129] 得出的结论一致。

表6.6　结合 V-O-H 的 CPU 运行时间比较

实例	+MC	+MD	+WMD	+PDS	+RVO	+RSVO
bqwh-15-106-0	9.906	*2.2404*	2.7122	2.5404	**1.028**	**0.9966**
graph2	*6.4098*	30.847	31.0814	31.0846	**5.6564**	**5.5594**
scen2	***6.172***	17.453	17.484	17.672	**6.172**	6.187
scen6_w1	***0.328***	3.688	3.656	4.89	**0.328**	0.343

续表

实例	+MC	+MD	+WMD	+PDS	+RVO	+RSVO
frb30-15-5-bis	46.313	17.906	4.469	*3.797*	**3.281**	**3.641**
qcp-order15-holes120-balanced-20-QWH-15	*884.375*	>2hours	>2hours	2868.02	**870.907**	**878.266**
qwh-order20-holes166-balanced-17-QWH-20	***125.219***	1099.7	1217.05	1117.25	**293.594**	298.266

　　综上可知，在自适应约束传播约束求解方法中，学习型 V-O-H 并未因其学习过程而大量浪费约束求解的时间，仍旧保持其效率优势。这部分也可以作为对 5.3.2 中两种嵌入 V-O-H 的自适应约束求解算法对比的有力补充。

　　本部分在现有约束传播方法研究的基础上，提出一种自适应约束传播求解算法 ADAPT$^{AC\text{-}LmaxRPC}$，它根据搜索过程中探查到的约束活跃程度（值删除个数及 DWO 次数），并借助自适应启发式，在 LmaxRPC 和 AC 之间灵活切换，从根本上提高约束求解效率。来自多个 Benchmarks 实例类上的实验数据表明，ADAPT$^{AC\text{-}LmaxRPC}$ 算法实现了降低求解效率和算法开销之间矛盾的目的，整体性能明显优于在搜索中单独运用 AC 或 LmaxRPC 算法。未来工作考虑将此算法与改进的自适应分支求解算法进行求解效率的比较分析，并更深入研究将学习型自适应约束传播[33]应用到约束求解中。

6.3　多种约束传播方法学习型自适应

　　另外一类潜力十足的自适应约束传播方法则为学习型自适应约束传播。它不是对任何问题都按一种模式切换固定的传播方法，而是根据从问题中学习到的特征，为不同问题准确适应不同级别的约束传播方法。首先补充一种局部相容的定义。

　　定义 6.1（BC）[33] 假定变量在有限的整数域里，每个域 $D(x_i)$ 都有最小值和最大值，称为 $D(x_i)$ 的边界，记为 $\min_{D(x_i)}$ 和 $\max_{D(x_i)}$。一个有方向的约束 c 是 BC 的，当且仅当 $\min_{D(x_i)}$ 和 $\max_{D(x_i)}$ 在 c 上都有 AC 支持。

　　此类方法中最典型的是 Stergiou[33]提出的 LPP 方法。该方法通过从预处理阶段搜集信息来建立面向约束传播的启发式策略，是一项实现选择约束传播方法自动化的技术。

　　LPP 的核心思想是利用在随机探查预处理阶段搜集到的信息去自动决定对约束应用哪种传播方法。预处理的主要工作是随机探查。随机探查是指以随机变量排序的方式去单独运行一次搜索算法，并在特定情况下停止，然后约束传播开始。随机探查提供了搜索空间中不同区域的样本，它可以提供每个约束有效校验的百分比以及某种传播方法导致的值删除个数等有用的信息。得到的数据可以使求解器准确区分引发很少值删除的约束和引发很多值删除的约束，并可以探测到哪些约束和变量适合哪种传播方法（主要是通过使用聚类算法来实现的，聚类算法会将约束划分成具有不同特征的类），从而实现选择传播方法的自动化。即为删除能力弱的约束选择一种低成本的约束传播方法，而为删除能力强的约束选择一种传播能力强但开销巨大的约束传播方法。

　　首先，Schulte 和 Stuckey[68]在预处理阶段为二元问题构造了一个分层传播器（staged propagator），它是一种将四种约束传播方法组合在一起的多变化传播器，它可以变化开销和删除能力。这个传播器逐渐变化地应用不同的局部相容，从边界相容（BC）开始经过弧相容（AC）、最大受限路径相容（maxRPC）到边界单弧相容（boundary single arc consistency，BSAC）。在一系列随机探查中，在变量分配之后应用约束传播方法，并记下每个约束有效校验的次数，每次校验因哪种局部相容而起，每次相容导致的值删除的个数等有关各个传播方法在各个约束上过滤能力的数据。对每个约束 c，LPP 中分层传播器具体记录的信息如下。

　　1）约束 c 被校验的次数。

　　2）有效校验（fruitful revision）占总校验次数的比率。

　　3）每层传播方法有效校验次数占总校验次数的比率。

　　4）由约束 c 导致的值删除的总个数。

　　5）每层传播方法值删除的个数占总值删除个数的比率。

　　为准确利用这些随机探查记录的信息，LPP 方法对其进行聚类，类的个数是预先定义的。然后根据聚类算法提供的结果配合简单的启发式原则（这些启发式原则构造了一棵决策树）做出决定，自适应地在 BC、AC、maxRPC 和 BSAC 之间切换。对二元约束例子的研究结果证实，利用随机探查结果做出的决定在许多例子中都是非常准确的。

　　本书的工作建立在 Stergiou 等的工作基础之上，对分层传播器中的约束传播方法做出改进。由于 BSAC 的删除能力很强，使用的开销也很大，因此将其去掉，在 BC、AC、maxRPC 三种约束传播方法之间自适应切换，相应地，启发式原则也做出调整。使用的聚类算法是 FCM（fuzzy c-means，模糊 C 均值算法）[168]，数据通过隶属函数的方式被划分到各个类中（在此限定为三个类），通过观察类的中心去识别各个类。在新的自适应约束传播方法中，变换了 FCM 的输入参数，分别是每层约束传播方法的有效校验率和值删除比率。其中一种改进方法具体运用的启发式原则如下。

　　1）任何属于中心具有最低 maxRPC 值删除率类中的约束，均利用 AC 或 BC 传播，具体用哪种取决于哪个有最高 maxRPC 值删除率（高 maxRPC 值删除率的约束用 AC，低 maxRPC 值删除率的约束用 BC）。

　　2）任何属于中心具有最高 maxRPC 值删除率类中的约束，均用 maxRPC 传播。

3）任意属于剩余类中的约束，设定一个 AC 阶段有效校验率界限，高于这个界限用 AC 传播，否则用 maxRPC 传播。

在这种启发式下，QCP 实例分类情况如图 6.7 所示。

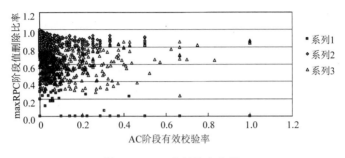

图 6.7　QCP 实例约束分类

此外，还在不同的 FCM 输入参数上做出实验，这些情况包括横坐标是总的有效校验率、纵坐标为 maxRPC 值删除比率的坐标系和横坐标是 maxRPC 有效校验率、纵坐标为 AC 值删除比率的坐标系，界限分别设置为 0.1 和 0.3。在所有启发式下，总体显示出学习型自适应约束传播方式的典型优势——能够从问题本身的特征出发，更准确地适应到更适合问题特征的约束传播方法，最终促使搜索中 CPU 时间得到改善，从根本上提高了约束求解的效率。

本 章 小 结

本章围绕约束传播相关概念及其发展过程，提出新理念的自适应约束传播约束求解策略。重点借助经典的局部相容方法，实现两种约束传播方法之间以及多种约束传播方法之间的自适应约束传播，有效地提高了约束求解的效率。具体通过引入比特位操作用 Word 数组表示论域和约束，用比特位操作代替约束检查的执行，建立基于比特位操作的自适应约束传播方法；以及考虑时间和空间开销，依托改进的 LmaxRPC 局部相容，构建 AC 与 LmaxRPC 之间自适应约束传播的方法，并将其与典型的 VOH 和 V-O-H 结合，进一步说明自适应约束传播方法中启发式的重要性；更重要的是给出多种约束传播策略之间学习型自适应约束传播的思想，为进一步研究铺垫基石。在每种自适应约束传播约束求解策略提出之后，利用 Benchmarks 对算法进行评测，实验结果表明：几种方法分别在不同程度上提高了约束求解的效率，明显突出了自适应约束传播约束求解策略的优势，达到了预想效果。

第 7 章　聚类分析理论及实践改进

7.1　聚类分析理论

7.1.1　聚类分析的定义

聚类（cluster analysis）分析[169]又称群分析，是研究分类问题的一种统计分析方法，是数据挖掘领域中重要的无监督机器学习方法。聚类算法将数据对象（模式、实体、实例、观察、单元）划分为一定数量的聚类（组、子集或类别）。Jain 和 Dubes[170]在书中提到了聚类的另一种定义，同一聚类中的数据对象应该相似，不同集群中的数据对象应彼此不同，这一观点以清晰且有意义的方式阐明相似性和不相似性。Hansen 和 Jaumard[171]在 1997 年从数学规划的角度对聚类进行了综述，讨论了聚类研究的步骤以及聚类的类型和标准，在对聚类定义阐述上和 Jain 等有相同的观点。聚类算法用途广泛，如区分消费群体、获取消费趋势、分析舆情和帮助市政规划等。

7.1.2　聚类分析的算法分类

常见的聚类算法主要分为五类[169]：划分聚类算法、层次聚类算法、基于密度的聚类算法、基于网格的聚类算法和基于模型的聚类算法[172]，其中划分聚类算法应用甚广。聚类分析的算法分类及主要算法如表 7.1 所示，表中列举了每一类别所包含的主要算法，并对每一类别进行了简单说明。

表7.1　聚类分析的算法分类及主要算法

分类	说明	主要算法
划分聚类算法（partitioning method）	该类算法首先通过构建的分区数 K 创建初始集合，然后采用迭代重定位技术，将对象从一个集合移到另一个集合，以此改变划分的质量	K-means（K-均值）算法 K-medoids（K-中心点）算法 CLARANS（基于随机搜索的聚类大型应用）算法
层次聚类算法（hierarchical method）	该类算法对给定的数据对象进行层次分解，分为自底向上（凝聚）和自顶向下（分裂）两种操作方式	BIRCH（平衡迭代规约和聚类）算法 CURE（利用代表点）算法 ROCK（利用链接的强壮聚类）算法 Chameleon（利用动态模型的层次聚类）算法

续表

分类	说明	主要算法
基于密度的聚类算法（density-based method）	该类算法根据密度完成对象的聚类,主要的密度有邻域中对象的密度或某种密度函数	DBSCAN（具有噪声的基于密度的空间聚类应用）算法 OPTICS（通过点排序识别聚类结构）算法 DENCLUE（基于密度的聚类）算法
基于网格的聚类算法（grid-based method）	该类算法先进行对象空间网格化,再利用网格结构完成聚类	STING（统计信息网格）算法 WaveCluster（采用小波变换聚类）算法 CLIQUE（聚类高位空间）算法
基于模型的聚类算法（mode-based method）	该类算法给每个聚类假设一个模型,然后再寻找能很好地满足这个模型的数据集	统计学方法（EM 算法和 COBWEB 算法） 神经网络方法（SOM 算法）

在聚类的过程中可以找到与自己的需求相对应的聚类类别，在类别中可找到恰当的算法，通过此算法可以实现数据集的聚类。

7.1.3　聚类分析的过程

聚类分析的过程[173]如图 7.1 所示，主要包括四个基本步骤：特征选择或提取、聚类算法设计或选择、聚类校验和结果分析。

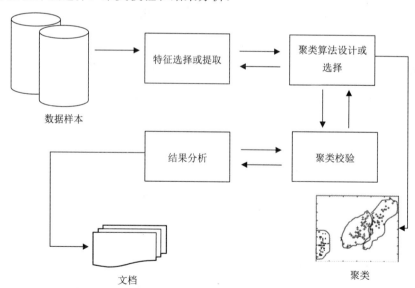

图 7.1　聚类分析的过程

1. 特征选择或提取

Jain 等[174]指出，特征选择是指从一组候选特征中选择区别特征，而特征提取是利用一些变换从原始特征中产生新的特征。显然，特征提取有可能产生可以更好地用于揭示数据结构的特征。但是，特征提取可能会生成物理上无法解释的特征，而特征选择可以保留所选特征的原始物理意义。在文献[174]中，这两个术语有时可互换使用而无须进一步识别差异。特征选择和特征提取对于聚类应用程序的有效性非常重要。

2. 聚类算法设计或选择

该步骤通常包括确定适当的邻近度量和构建标准函数。直观地，根据数据对象是否彼此相似，将数据对象分组到不同的聚类中。几乎所有聚类算法都明确地或隐含地与某种特定的邻近度量定义相关联。一旦确定了临近度量，就可以将聚类解释为具有特定标准函数的优化问题。同样，所获得的聚类取决于标准函数的选择。因此，聚类分析的主观性是不可避免的。

3. 聚类校验

给定的数据集，不论数据中是否存在特定结构，每个聚类算法总是可以生成分区。此外，不同的聚类方法通常会导致不同的数据集群，即使对于相同的算法，参数的选择或输入模式的呈现顺序也可能影响最终结果。因此，有效的评估标准对用户提供的聚类结果的置信度是至关重要的。这些评估标准应该是客观的，对任何算法都没有偏好。此外，评估应该能够提供有意义的见解，从而可以回答一些问题，如隐藏多少聚类，数据中所得到的聚类从实际的角度来看是否有意义，聚类结果是否只是算法的产物，在此聚类中为什么选择一种算法而不是另一种算法，等等。

4. 结果分析

聚类的最终目标是从原始数据中为用户提供有意义的见解，促使用户对数据有清晰的认识，从而有效地解决问题。

7.2　聚类分析实践改进

7.2.1　局部概率引导的优化 K-means++算法

K-means 聚类是最著名的划分聚类算法，以其简洁和效率备受推崇。随着 K-means 算法的广泛应用，其不足之处也逐渐凸显[175]：①聚类中心数目 K 需要在聚类分析前确定，而这在实际中很难估计；②初始聚类中心需要人为选取，而不同的初始聚类可能导致不同的聚类结果。面对 K-means 的不足之处，许多专家学者进行了更加深入的研究。

K-means++是一种针对 K-means 算法第二类不足提出的优化算法。在 K-means

算法中，初始中心是以随机的方式产生的，而 K-means++算法则是在选取初始中心之前对所有的数据进行一次计算，使得选择的初始聚类中心之间的相互距离尽可能地远，这样做的目的是减少计算的过程量。如果随机产生的中心点过于相似，会导致需要多次迭代才能将聚类划分开。如果选择的初始中心点距离较大，那么它们属于同一个聚簇的可能性极小，使得聚类在最开始时就能够很好地分开，因此计算量也会相应减少。

随着对 K-means++的深入实践，研究小组发现其初始聚类中心选取方式计算出来的误差平方和（SSE）值上下波动明显，会出现 SSE 过大或过小的情况。为了改善这一情况，研究小组提出一种局部概率引导的 PK-means++算法，借助局部概率对选取初始聚类中心点的方式进行了改进。为说明 PK-means++算法的优势，研究小组特别将改进后的算法应用在具有代表性的分散数据上，在针对同一 K 值的情况下聚类时，聚类后的 SSE 较原始 K-means++算法更稳定，保证了随机实验取值的稳定性。

1. 背景知识

K-means 算法是聚类分析算法中基于划分方法的算法，它是由著名学者 JamesMacqueen 于 1967 年提出的，此算法是聚类分析中最为常见的经典算法。该算法虽然简单、快速且容易理解，但同时具有上述不足之处。针对第一项不足，成卫青和卢艳红[176]基于数据实例之间的最大最小距离选取初始聚类中心，基于 SSE 选择相对最稀疏的簇分裂，并根据 SSE 变化趋势停止簇分裂从而自动确定簇数；蒋丽和薛善良[177]提出了一种改进的 K-means 聚类算法，先根据类簇指标确定需要聚类的个数 K，然后借助密度的思想进行改进，实验证明，改进后的算法比原始的 K-means 聚类算法准确性更高。针对第二项不足，周爱武等[178]基于评价距离对确定初始聚类中心的方法做出改进，优化后的算法主要对存在孤立点的数据效果明显；Gu[179]等采用减法聚类的算法确定初始聚类中心；鲍雷[180]针对采用传统 K-means 聚类算法对数据聚类进行分析时会受初始聚类中心影响的问题，提出将遗传算法嵌入 K-means 算法中的混合式聚类算法。

K-means++聚类是 Arthur 和 Vassilvitskii[181]在 K-means 算法的基础上提出的优化算法，是从数据点中随机选取初始聚类中心的变体，根据数据点与已经选择的最近聚类中心的距离的平方对数据点进行加权，使聚类中心点的选取更加明确。一般来说，K-means++算法的精度和速度都优于 K-means 算法。

假设数据集合 $X=\{x_1, x_2, \cdots, x_n\}$，聚类数目为 K，$D(x)$表示从数据点到已经选取的最近聚类中心的最短距离。K-means++算法工作流程如下。

1）从数据集合 X 中随机取一点作为第一个聚类中心 c_1。

2）通过某种特定方式，在数据集合 X 中选取 x 作为下一个聚类中心 c_i。

3）重复步骤 2），直到选取 K 个聚类中心。

4）继续使用标准的 K-means 算法进行下一步计算。

在对 K-means++研究的过程中，工作流程中步骤 2）选取初始聚类中心点的特定方式有很多种，最经典的有以下几种。

① 将 $P(x_j) = D(x_j)^2 / \sum_{x_j \in \vartheta_x^{\text{center}}} D(x_j)^2$ 最大时所对应的向量作为新的簇中心[182]。

② 计算每个数据样本的密度，并按密度大小排序，将密度最大的数据样本点与其最接近的样本点的中点作为初始聚类中心，最后使用圆域进行划分[183]。

③ 先选取一个种子点，再计算检测结点与最近种子结点之间的距离 $D(x_i, y_i)$，求取 $\text{sum}(D(x_i, y_i))$，再取可以落在 $\text{sum}(D(x_i, y_i))$ 中的随机值 random，计算 random=$D(x_i, y_i)$，直至 random<0，此时的点即为新的簇中心点，重复操作直到 K 个种子结点全部被选取出来[184]。

2. K-means++优化

（1）问题描述

在 K-means++的三种选取初始聚类中心的方式中，最为常见的是最后一种。但在使用第三种方式进行多次聚类实验时，SSE 之间却出现了明显波动。换句话说，常用的 K-means++算法得到的 SSE 受实验随机性的影响较大。

研究小组以西瓜数据集 4.0 为例进行聚类操作。首先，将数据集的聚类个数设为 4，接着使用常见的选取初始聚类中心的方式将西瓜数据集 4.0 的 30 个二维数据向量进行 K-means++聚类；在实验测试中，选取 10 次实验结果的 SSE 值并画出如图 7.2 所示的折线图。从图 7.2 可以看出，SSE 的取值不稳定，且上下波动较明显，最大值超过了 0.45，最小值接近 0.25，而这种波动会严重影响聚类的精度和速度。因此，导致最终 SSE 稳定的算法就显得尤为重要了。

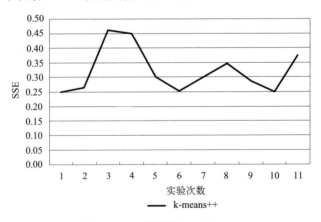

图 7.2　西瓜数据集 4.0 的 SSE

（2）PK-means++算法[185]

为了进一步缩小误差、减少工作量，研究小组针对 K-means++在 SSE 取值时遇到的问题进行了优化。主要思路是通过 K-means++算法计算每个点所占的概率区间，距离越远的点在(0, 1)中占有概率段比例越大，随机取到该区间的概率就越大。

假设输入设置如下。

D：一个包含 n 个对象的集合。

K：聚类个数。

$D[n]$：距离数组，$D[i]$表示第 i 个点到最近簇中心的距离。

$P[n]$：概率数组。

$PK[n]$：概率点数组。

将输出设置为 K 个聚类中心点集合，则 PK-means++算法的具体步骤如图 7.3 所示。

步骤 1 在数组中，随机取一点，作为第一个簇中心点；

步骤 2 迭代集合 D 中所有的点，计算所有点到最近簇中心点的距离，并将数据记录到距离数组中，记作：$D[1]$，$D[2]$，…，$D[n]$；

步骤 3 将所有的 $D[i](i=1, 2, 3, …, n)$叠加，得到距离和 $Sum(D[n])$，并分别计算 $D[i]$ 在 $Sum(D[n])$中的概率，记作：$P[i]$，并将概率 $P[i]$通过概率段的形式在(0,1)中表示出来，将概率段的起始点存入数组 PK 中；

步骤 4 设一个随机数 rP(0<rP<1)，取 rP 所在区间的点作为下一个聚类中心点；

步骤 5 重复步骤 2～步骤 4 直至 K 个聚类初始中心全部选出；

步骤 6 继续使用标准的 K-means 算法进行下一步计算。

图 7.3　PK-means++算法

以第一个初始聚类中心的下标为 4 的聚类为例，将各个数据点到第一个聚类中心的距离的概率大体表示在（0，1）区间上，其效果如图 7.4 所示。图中概率数组 P 中存储的各个数据代表的各个点到第一个初始聚类中心距离的概率段，其中 $P[4]$的值为 0。数组 PK 存储的是概率段在（0，1）中的实际点数据，若随机取的 rP 在区间（PK[n-1]，PK[n]）内，则把第 n 个数据点作为下一个聚类中心。

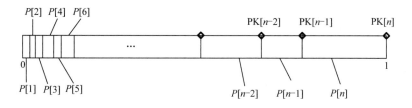

图 7.4　概率数组 P 和概率点数组 PK 说明

（3）实验测试

① 数据集获取。为了验证算法 PK-means++在 SSE 方面的优势，研究小组将数据集合锁定在分散数据集上，为保证它是相对分散的数据集，实验小组随机取正方形[横坐标 $x \in (1, 5)$、纵坐标 $y \in (1, 5)$]内的 20 个二维数据点作为数据集 I，数据点可视化效果图如图 7.5 所示；随机取正方形内的 20 个二维数据点作为数据集 II，数据点可视化效果图如图 7.6 所示；随机取正方形内的 50 个二维数据点作为数据集III，数据点可视化效果图如图 7.7 所示。从三幅图中可以看出，研究选取的数据非常分散。

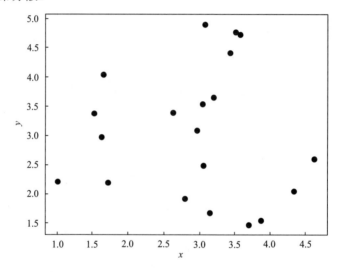

图 7.5　（1,5）区间 20 个随机点可视化效果图

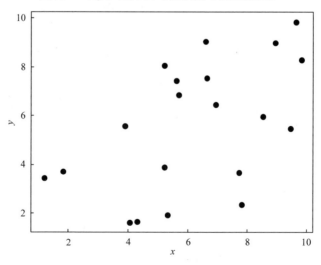

图 7.6　（1,10）区间 20 个随机点可视化效果图

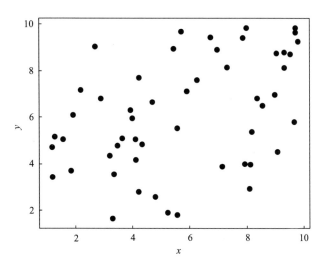

图 7.7　（1,10）区间 50 个随机点可视化效果图

② 实验分析。在上述选取分散数据的基础上，为充分说明 PK-means++算法的优越性，可分别对 K-means++算法和 PK-means++算法进行多次对比聚类实验，这样可以减小随机实验对实验结果的影响。本实验记录了 SSE 的值，并根据 SSE 画出形象的折线图。

实验建立在如下机器环境之上，Intel(R) Core™ i5-7200 处理器，主频为 2.50 GHz，内存为 8.00GB。研究小组分别做 10 次实验，并记录了 10 次 SSE，且针对不同的数据集画出两者对比的折线图。

实验首先在数据集 I 上进行。研究小组分别借助 K-means++算法和 PK-means++算法聚类计算得出的 SSE，得到如图 7.8 所示的折线图。通过折线图可知，PK-means++算法计算得出的 SSE 的值变化较为平稳，而 K-means++算法计算出的 SSE 的值上下浮动相对较大。

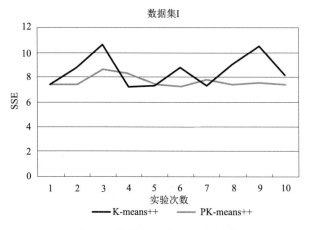

图 7.8　数据集 I 的 SSE 对比图

　　这是因为 K-means++算法先选取一个小于所有点到最近簇中心点的距离和的随机数，然后将随机数作为被减数依次做减距离操作，最后取当差小于 0 时的点作为下一个初始聚类点；而 PK-means++算法的计算方法是在数据点到聚类中心的距离的概率(0, 1)内取点，在聚类较为明显的数据集中这两种算法对 SSE 没有太大影响。这一特点更好地说明了 PK-means++算法对聚类效果较明显的数据集聚类后不会产生多余影响。对于较分散的数据集，数据点之间的距离较为平均，距离差异不大，PK-means++算法随机取数的范围较 K-means++取数的范围小，取数的波动性较小就导致取点的波动性较小，每次实验取点的结果较为接近，从而保证了SSE 的上下波动不会太明显，进而呈现一个稳定的状态。

　　为更进一步证明 PK-means++算法的优势，研究小组将实验规模扩大到数据集Ⅱ和数据集Ⅲ上，分别观察如图 7.9 和图 7.10 所示的 K-means++算法和PK-means++算法计算得出的 SSE 折线图。很明显，PK-means++算法在平稳程度上仍然有绝对的优势，而 K-means++算法波动幅度依旧很大，随机取值得到的不一定是最佳的实际数据。

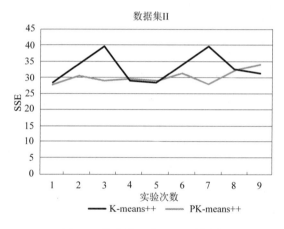

图 7.9　数据集Ⅱ的 SSE 对比图

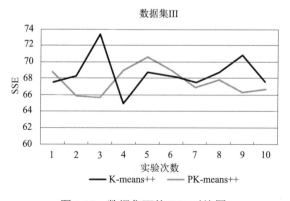

图 7.10　数据集Ⅲ的 SSE 对比图

为全面证明 PK-means++算法的优越性，研究小组将实验设定在西瓜数据集上，并将实验基数锁定在 10 次。图 7.11 为西瓜数据集使用 K-means++算法和 PK-means++算法进行 10 次实验得到的 SSE 折线对比图。从图 7.11 折线走向可以看出，PK-means++算法计算得出的 SSE 较 K-means++算法上下浮动较小，结果较为平均，这也充分证明 PK-means++算法在 SSE 计算上具有优势。

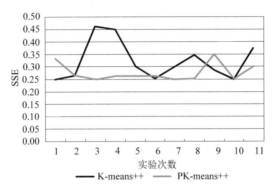

图 7.11　西瓜数据集 4.0 的 SSE 对比图

综合以上实验说明，PK-means++算法在对分散数据进行 SSE 计算上效果提升明显。

3. PK-means++应用

研究小组将 PK-means++算法应用到 Seeds 数据集上，计算 Seeds 数据集内的 SSE，由于已经验证了 PK-means++算法在计算 SSE 方面的稳定性，因此，在对 Seeds 数据集的实验过程中，针对每个 K 仅进行单次实验即可，即通过误差平方的方式确定聚类数 K 的最佳数值。

然后，通过 PK-means++分别计算 K=2、3、4、5、6 时的 SSE，得出表 7.2 的数据。

表7.2　PK-means++计算不同K值的SSE

实验号码	K 值	SSE
1	2	992.883
2	3	571.317
3	4	508.096
4	5	368.089
5	6	307.304

手肘法[186]的核心指标是 SSE，该方法可以获得较为准确的聚类数，最终的图形为手肘的形状。随着聚类数 K 的增大，样本划分会更加精细，每个簇的聚合程度会逐渐提高，那么 SSE 自然会逐渐变小，整个过程的 SSE 可以归结为以

下三个阶段[187]。

阶段一：当 K 小于真实聚类数时，K 的增大会大幅增加每个簇的聚合程度，故 SSE 的下降幅度会很大。

阶段二：当 K 到达真实聚类数时，此时是一个过渡期，若继续增加 K，所得到的聚合程度回报会迅速变小，故 SSE 的下降幅度会骤减。

阶段三：当 K 值大于真实聚类数时，SSE 会随 K 的增大而趋于平缓。

最终的 SSE 和 K 的关系图是一个手肘的形状，而这个肘部对应的 K 值就是数据的真实聚类数。根据表 7.2 计算得出的 SSE 画出如图 7.12 所示的折线图。

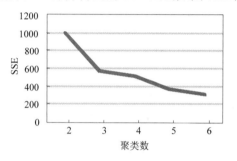

图 7.12　Seeds 数据集手肘图

从图 7.12 可以看出，聚类数 K=3 是 Seeds 数据集的最佳聚类个数。通过 PK-means++算法聚类后的效果图如图 7.13 所示，可见，PK-means++算法将 Seeds 数据集成功聚类成三个类别。

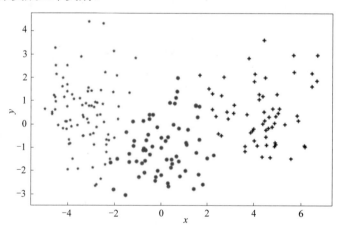

图 7.13　Seeds 数据集使用 PK-means++算法聚类后的效果图

4. 结束语

随着划分聚类算法的广泛应用，K-means 算法一族以其简洁、易用备受推崇，K-mean++算法是对 K-means 算法在选取初始聚类中心点方面做出的优化，更以其较 K-means 算法强的精度和速度而应用广泛。但在实践中发现，K-means++算法在使用最常见的选取初始聚类中心方式对较分散数据集进行 SSE 计算时，对聚类结果的 SSE 影响波动较大。为解决这一问题，本章提出了 PK-means++算法，该算法在进行较分散数据集聚类时，借助局部概率引导聚类中心的选取，该选取初始聚类中心的方式在同一 K 值的情况下对较为分散的数据集可取到较为稳定的 SSE，即 PK-means++算法提高了 SSE 的准确度，聚类后的 SSE 比 K-means++算法更稳定，从而更好地保证了随机实验取值的稳定性。

7.2.2　Canopy 在划分聚类算法中对 K 选取的优化

Canopy 算法是一种非常简单、快速、准确的对象聚类方法[188]，与 Hadoop 平台[189]配合，已成为一种流行算法。它将所有对象都表示为多维特征空间中的一个点，采用快速近似距离度量和两个距离阈值比较的方式，实现快速粗聚类。

聚类算法[190]可用于解决很多问题，许多研究者均致力于聚类算法的效率与准确度[191, 192]。但是当数据变大时，聚类难度也随之加大。数据变大有多种情况：数据条目多，整个数据集包含的样本数据向量则多；样本数据向量维度大，包含多个属性；要聚类的中心向量多；等等。当所应用聚类算法的数据遇到上述情况时，聚类数 K 值的准确性便尤为重要。

在划分聚类算法中，K 值的确定是划分的关键，准确的 K 值可以有效提高聚类工作的效率。如果在划分聚类前能通过某种方式对 K 值进行预判，将会为 K 均值聚类的优化贡献巨大力量。Canopy 算法正是借助将数据划分成可重叠的子集，通过快速近似比对处理，恰好可以为 K 均值聚类提供 K 值的预判。

本章通过介绍 Canopy 算法的优化，实现借助优化算法更好地实现在划分聚类算法中聚类数 K 的预判，减少了试探取值的工作量，从而减少了整个聚类工作的时间，提高了工作效率。

1. 背景知识

Canopy 算法的主要思想是把聚类分为两个过程[193]。首先，通过使用一个简单、快捷的距离计算方法把数据分为可重叠的子集，每个子集就是一个 Canopy；其次，通过使用一个精准、严密的距离计算方法来计算出现在阶段中同一个 Canopy 的所有数量向量的距离。这种聚类方式的独特之处在于使用了两种距离参与计算，由于只计算了重叠部分的数据向量，因此更好地达到了减少计算量的目的。

算法的优势主要表现在两个方面：一方面，通过粗略距离计算方法把数据划入不同可重叠的子集中；另一方面，只计算在同一重叠子集中的样本数据向量，这种操作减少了需要距离计算的样本数量。根据 Canopy 算法的工作过程绘制该算法的流程图，如图 7.14 所示。从图 7.14 可知，需要从 List 中随机取点，因此噪声点和孤立点对聚类的影响是不可避免的。另外，算法还需要距离阈值 T_1、T_2 的值参与运算，因此获取一个适合当前 List 的阈值也是优化的关键所在。总体优化的目的是让聚类流程更简便、预判的聚类个数更准确。

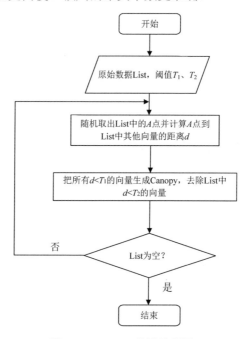

图 7.14　Canopy 算法流程图

2. Canopy 优化

（1）方法描述

针对 Canopy 算法在进行聚类数 K 预判过程中的缺陷，优化算法以有效的方式实现了查漏补缺，优化的出发点主要表现在选取特殊的聚类中心点和获取阈值 T_1、T_2。现根据利用 Python 实现的 Canopy 算法实现两个方面的优化，其优化内容如下。

一方面，把距离数据均值点最近的点作为聚类中心点。这样做的主要目的有两个，尽量消除噪声点、孤立点对聚类效果的影响以及消除随机取点对聚类数 K 的影响。

另一方面，优化阈值获取的方式。由于原始阈值 T_1、T_2 的值是通过任意输入得到的，这种方式给研究者造成了阈值选择的困扰。通过优化阈值选取方式，可减少阈值选择的盲目性。

这里阈值获取方式有两种，一是通过计算数据点到均值点的最远距离 L_1 和最近距离 L_2 来确定 T_1 和 T_2。二是通过 Canopy 列表、移除列表中的元素个数、移除率（删除列表元素个数/Canopy 列表元素个数）和聚类效果图调整 T_2 的大小。若前几次聚类的移除率太小，则增大 T_2；若移除列表和 Canopy 列表中的数据点个数小于总数据集个数的 5%且增大 T_2 值后为最佳，则增大 T_2。然后，根据聚类效果图得出 T_2 的最终值并参与实验，得出合适的聚类数 K。

优化 Canopy 算法不仅实现了更准确预判聚类的个数，还让 Canopy 算法的作用超越了本身。

（2）Canopy+算法

Canopy+算法主要从两方面进行优化：一方面是阈值获取的方式不同，另一方面是初始聚类中心的选取并非随机的。对于阈值 T_1、T_2 的获取，是通过遍历所有数据，取所有数据点的均值点，计算均值点到所有数据点的距离，取最远距离记作 L_1、最近距离记作 L_2，并将 L_1、L_2 的差赋值给 T_1，将最远距离 L_1 的一半赋给 T_2；对于初始聚类中心，是通过选取与均值点最近的点得到。两方面的优化使得预判出的聚类数 K 更加准确。在阈值 T_1、T_2 获取的过程中，T_2 是不断修正的，这里需要将删除率控制在一定范围内，将此时的 T_1、T_2 带入优化一进行计算，得到此时的 K 值为此数据集的聚类数大小的范围。删除率过大说明 T_2 过大，删除率过小说明 T_2 较小，需将 T_2 控制在一定范围内，达到数据更好的聚类效果。

Canopy+算法步骤主要包含五步，如图 7.15 所示。

步骤 1 计算 List 原始数据的均值点，取距离均值点的最远距
离记作 L_1、最近距离记作 L_2，并将 L_1、L_2 的差赋值给
T_1，将最远距离 L_1 的一半赋给 T_2；

步骤 2 取距离均值点最近的点作为算法的聚类中心，计算该
中心与其他样本数据向量之间的距离 d；

步骤 3 根据第 2 步中的距离 d，把距离 d 小于 T_1 的样本数据
向量划到一个 Canopy 中，同时移除距离 d 小于 T_2 的
样本数据向量，生成移除列表；

步骤 4 根据聚类效果图、移除率和 Canopy 列表、移除列表中
的元素个数再次调整阈值 T_2 的值；

步骤 5 重复第 2、3 步，直到候选中心向量名单为空，即 List
为空，算法结束；

继续使用标准的 K-means 算法进行下一步计算。

图 7.15　Canopy+算法步骤

（3）实验测试

① 数据集获取。本章以 2DIris 数据集和 New-thyroid 为例进行 Canopy 算法和 Canopy+算法实验对比。Iris、New-thyroid 数据都是 UCI 标准数据库[194]中的数据集，UCI 是一个常用的标准测试数据集库，是加州大学欧文分校（university of California，UC Irvine）提出的用于机器学习的标准数据库，该数据库目前有 335

个数据集，其数目还在不断增加。三种数据集信息如表 7.3 所示。

表7.3　数据集表描述

数据集	样本数	属性数	聚类数
Iris	150	4	3
2DIris	150	2	3
New-thyroid	215	5	3

　　2DIris 数据集的可视化图如图 7.16 所示，通过此图可以看出，数据集聚类类别已较为明显，聚类后结果与实际分类结果相符。图 7.17 是 New-thyroid 数据集进行 PCA 降维[195]后的可视化图，经过实验分析，New-thyroid 数据集的二维聚类效果与原数据聚类结果相一致。

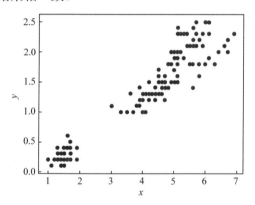

图 7.16　2DIris 数据集的可视化图

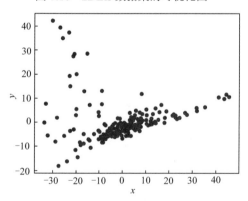

图 7.17　New-thyroid 数据集的可视化图

　　② 对 2DIris 聚类数的预判过程。通过优化方法计算 2DIris 数据集得出的初始阈值 T_1、T_2 及其他数据，如表 7.4 所示。表 7.4 中 T_1、T_2 的初始值通过 Canopy+ 算法步骤中的步骤 1 得到的，进一步借助阈值 T_1、T_2 进行 Canopy+实验，得到的

聚类的移除率分别是 0.425、0.97、1，对应的每个移除列表的元素个数分别是 63、34、49，每个 Canopy 列表的元素个数分别为 148、35 和 49，数据集的聚类个数为 3。由于移除率不足以使 T_2 改变，因此阈值 T_1、T_2 的终止值不变。实验后的效果图如图 7.18 所示。从图中明显看到，Canopy+对 2DIris 的聚类界限分明，可见效果较好，聚类个数与其实际类别个数一致，聚类的效果图与其实际分类效果较一致。使用优化过程中计算的 T_1、T_2 对 Canopy 算法进行实验，得到如图 7.19 和图 7.20 所示的实验效果。显然，Canopy 算法的实验中聚类边界不清楚，与图 7.18 的效果图相比，聚类效果不是很理想，且聚类数 K 容易出现误差。

表7.4　2DIris实验数据

	T_1	T_2	移除率及移除列表、Canopy 列表元素个数						聚类数
初始值	3.22	1.6	0.425		0.97		1		3
			63	148	34	35	49	49	
最终值	3.22	1.6	378						3

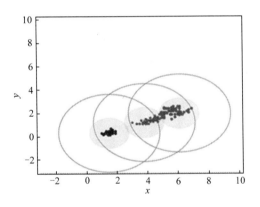

图 7.18　Canopy+对 2DIris 效果图

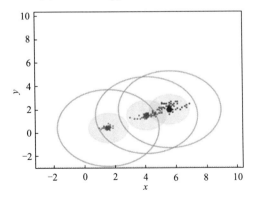

图 7.19　Canopy 对 2DIris 效果图（1）

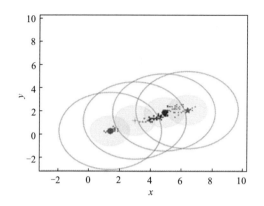

图 7.20　Canopy 对 2DIris 效果图（2）

③ 对 New-thyroid 聚类数的预判过程。优化方法计算 New-thyroid 数据集得出的初始阈值 T_1、T_2 及其他数据信息如表 7.5 所示。从表中可知，初始的阈值 T_2 对实验结果有影响，且移除率满足调整 T_2 的条件，因此需要重新设置 T_2 的值。当 $T_2=25$ 时，2 个 Canopy 列表的元素个数小于数据集元素个数的 5%，故增大 T_2 的值；当 $T_2=30$ 时，其中 1 个 Canopy 列表只有 2 个元素，继续增大 T_2；当 $T_2=35$ 时，聚类个数发生了变化，但仍存在 2 个 Canopy 列表的元素个数过少，再继续增大 T_2 的值；当 $T_2=40$ 时，发现聚类的个数并没有改变，并根据聚类的效果图得出这两个聚类不能因为 T_2 的增大而忽略。因此，通过效果图再次调整 T_2 的大小得到最终值，聚类效果图如图 7.21 所示。

表7.5　New-thyroid实验数据

项目	T_1	T_2	移除率及移除列表、Canopy 列表元素个数								聚类数
初始值	50.15	25	0.877		0.5		0.8		1		4
			187	213	9	17	8	10	7	7	
实验1	50.15	30	0.92		1		0.7		1		4
			196	213	6	6	7	10	2	2	
实验2	50.15	35	0.95		1		1				3
			204	213	4	4	4	4			
实验3	50.15	40	0.96		1		1				3
			206	213	3	3	3	3			
最终值	50.15	35									3

将最终的 T_1、T_2 用原始的 Canopy 算法得到的效果图如图 7.22 和图 7.23 所示。从效果图可以看出，图 7.21 中聚类界限分明，聚类数预判稳定，而 Canopy 算法聚类效果与 Canopy+算法的聚类效果相比，聚类界限模糊，在聚类数预判上只能取近似值。可见，Canopy+算法的聚类更理想，聚类数的预判更准确。

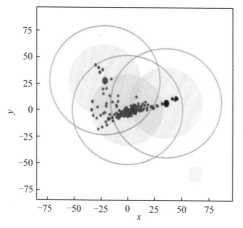

图 7.21　Canopy+对 New-thyroid 效果图

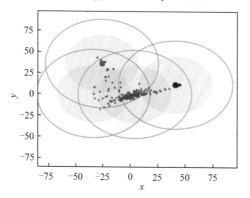

图 7.22　Canopy 对 New-thyroid 效果图（1）

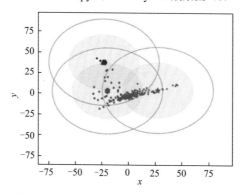

图 7.23　Canopy 对 New-thyroid 效果图（2）

3. Canopy+算法对 K 值预判的应用

（1）数据集选择及处理

应用的数据集是 UCI 数据库中的 Seeds 数据集。Seeds 数据集是小麦种子数据集（wheat seeds dataset），此数据集对来自实验田的联合收获的小麦谷粒进行研究，给定的是种子的计量数据，是卢布林在波兰科学院的农业生物学研究所进行探索的。Seeds 数据集包含 210 条数据，该数据共有七个属性，分别是 area A、perimeter P、compactness $C = 4*pi*A/P_2$、length of kernel、width of kernel、asymmetry coefficient、length of kernel groove。

为更好实现数据的可视化，在不影响数据聚类效果的前提下，通过 PCA 技术进行多维数据降维操作，降维后的二维数据点如图 7.24 所示。

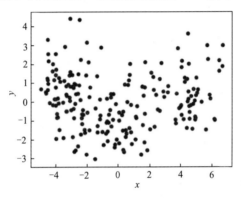

图 7.24　Seeds 数据点图

（2）Canopy+算法实现 K 值预判

选取距离中心点最近的点作为初始点，计算得出阈值 T_1 的值，根据阈值 T_1 的值估算阈值 T_2 的大小，再根据移除率、移除列表元素个数、Canopy 列表元素个数及聚类效果图，最终确定阈值 T_2 的值及聚类数。其具体信息如表 7.6 所示。

表7.6　Seeds实验数据信息表

项目	T_1	T_2	移除率及移除列表、Canopy 列表元素个数								聚类数
实验 1	7.08	3.66	0.599		0.44		0.98		1		4
			124	207	22	50	46	47	13	13	
实验 2	7.08	4.06	0.696		0.98		1				3
			144	207	42	43	20	20			
实验 3	7.08	4.46	0.75		1		1				3
			156	207	39	39	12	12			
最终值	7.08	4.06									3

从表 7.6 中实验数据可知，聚类数的最终值为 3。以表 7.6 的数据为基础进行实验，其最终的效果图如图 7.25 所示，从图 7.25 可以看出聚类数为 3 时的聚类效果是比较理想的。

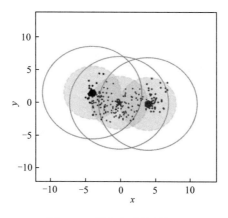

图 7.25　最终实验效果图

4. 结束语

聚类分析算法在机器学习中备受重视，基于划分方法的聚类算法应用范围也愈加广泛，在算法应用之前预判出聚类个数可以极大提高聚类工作效率。

本章在 Canopy 算法的基础上进行优化，提出 Canopy+算法，实现对划分聚类算法聚类数 K 的预判。Canopy+算法通过距离、删除率等参考数据进行阈值 T_1、T_2 的设定，并不断比较调整阈值 T_1、T_2 的具体数值，直到确定稳定的阈值，并进一步对聚类个数进行预判。在典型的数据集上实验得出，Canopy+算法预判出了准确的聚类个数，减少了试探取值的个数，进而降低了聚类工作量，减少了整个聚类工作的时间。

本 章 小 结

本章从其他辅助提升效率的方法出发，着重围绕自适应求解预处理阶段的聚类分析理论及实践，提出局部概率引导的优化算法和聚类算法中对 K 值选取的预判优化算法。首先，为了更好地保证随机实验取值的稳定性，借助局部概率引导聚类中心的选取，提出一种优化算法 PK-means++，对较为分散的数据集得到了稳定的 SSE，并提高了 SSE 的准确度。其次，通过距离、删除率等辅助数据，提出 Canopy+算法，在划分聚类前对聚类数 K 进行预判，减少了试探取值的个数，提高了工作效率。

第8章　结论与展望

8.1　结　　论

随着约束求解方法的不断推陈出新，"自适应"的概念越发牵动着研究者的思路，越来越多的工作着重于引导约束求解向自适应的方向发展。从自适应约束求解方法提出开始，相关研究工作不仅考虑从问题的结构化信息入手，而且着重于约束求解的过程本身，提出具有更强适应性的自适应约束求解方法。这一切的动力来源于其归属领域约束程序先天具有的浓厚产业背景和重大商业价值。值得兴奋的是，将自适应约束求解方法应用于实际问题并进行了广泛的理论研究，取得了一些初步成果。

本书主要集中在对约束程序起着举足轻重作用的自适应约束求解方法的研究上，目的是提高约束求解的效率和"智能性"。具体为在约束求解的各个环节应用自适应的理念，讨论在分支策略的选择、变量选择、值选择以及约束传播各环节实现自适应的各种技术和新方法，并介绍其实现过程，另外指出自适应约束求解的其他方法。重在研究自适应对求解效率的提高程度。重点研究以下几个方面。

1. 自适应分支选择约束求解方法

深入研究了自适应分支选择对约束求解的重要作用。在对典型分支策略做出比较和分析之后，突出强调自适应分支策略的强大优势。着重介绍两种改进的自适应分支策略，一种是改进的辅助顾问启发式策略，另一种是新的自适应分支求解算法 AdaptBranch^{LVO}。在对多种辅助顾问的广泛比较之后，借助实验数据说明改进辅助顾问自适应分支策略的高效性。此外，通过对多类典型 Benchmarks 问题的标准测试，进一步证实 AdaptBranch^{LVO} 算法对约束求解效率的提升作用。总体上验证了自适应分支约束求解方法能够显著提高约束求解效率。

2. 自适应变量选择约束求解方法

分析阐述了自适应变量选择约束求解方法的重要意义。对当前流行的 VOH 做出分析比较，突出强调学习并运用来自搜索树各个结点信息的自适应 VOH 的重要性，并为后文与自适应约束传播的结合做铺垫。提出广义上的自适应变量选择约束求解的思想。

3. 自适应值选择约束求解方法

基于典型的 V-O-H，重点介绍自适应值选择的相关方法和内容。通过对 Survivors-first 学习型 Survivors V-O-H 的阐述，讨论通过廉价的学习在传播中找到更有希望值的方法，并将其应用于加速个别问题的求解。进一步借助 Survivors V-O-H 将自适应值选择与自适应分支选择相结合，设计算法 AdaptBranch^{surv}，通过对算法的实验评测，验证算法的高效性。在将 AdaptBranch^{surv} 算法与 AdaptBranch^{LVO} 算法进行比较之后，借助实验数据说明 AdaptBranch^{surv} 对提高约束求解效率的明显优势。

4. 自适应约束传播约束求解方法

通过对约束传播重要性的阐述突出强调自适应约束传播的意义，引出高效的自适应约束传播约束求解方法。此类方法主要代表为两种约束传播方法之间的自适应和多种约束传播方法之间学习型自适应的约束求解方法。前者主要包括基于比特位操作的自适应约束传播方法和基于 AC 与 LmaxRPC 的自适应约束传播方法，分别对应提出新算法 AC_MaxRPC_Bitwise 和 ADAPT$^{AC\text{-}LmaxRPC}$，随即利用权威实验验证两种方法分别对约束求解效率的提升作用。后者则借助 LPP 实现多种约束传播策略之间学习型自适应约束传播的思想，为进一步研究铺垫基石。

5. 其他辅助技术

围绕其他辅助提高自适应约束求解效率的方法，借助局部概率引导聚类中心的选取，针对较为分散的数据集提高 SSE 的稳定性和准确度；并借助距离、删除率等参考数据，实现对划分聚类算法聚类数 K 的预判，减少了试探取值的个数。

通过对本书各类自适应约束求解方法的细致研究，最终得出结论：自适应约束求解方法有助于从多个角度提升约束求解能力，并为实现约束求解的智能化奠定有力的基础。

8.2 展　　望

从自适应约束求解提出以来，相关求解技术和求解方法已经取得了丰硕的成果。越来越多的专家学者致力于这一领域的研究，并促进了此领域的进一步发展。毫无疑问的是，对自适应约束求解方法的研究还有很大的发展空间。

近年来，随着自适应约束求解方法研究取得的进展，也给 CSP 的求解指明了新的方向。主要集中在算法的有效性允许研究者更多地关注相关问题的实际应用，但随之也产生了更多的问题。

（1）需要更好的算法来增强适应程度，进而减少数据结构、约束检查、结点访问等各方面的开销。

（2）在学习型的约束求解环节，如学习型分支选择、学习型变量排序、学习型值排序以及学习型约束传播等方面，在学习的代价过高时需要最小化学习的成本。

（3）在自适应约束求解方法中实现数据结构的整合。

（4）设计针对性更强的自适应约束求解器等。

这些都是笔者所在研究团队以后努力的方向。这些问题的有效解决，可以更好地应用于求解现实问题，尤其是具有浓厚产业背景和重大商业价值的实际问题。今后的工作将着重于面向现实问题求解的理论研究，也为前瞻性的应用提供有力的理论基础。

总之，不可否认的是，自适应约束求解方法的进步和发展会对约束程序的发展起到强有力的促进作用，而约束程序的发展也将对具有浓厚产业背景和重大商业价值的实际问题起到积极的推动作用。约束求解方法的研究有助于从各个环节和层面提升自适应约束求解能力，为实现约束求解的智能化创造了发展空间。

参 考 文 献

[1]   LECOUTRE C. Constraint networks: techniques and algorithms [M]. London: WILEY, 2009.

[2]   ROSSI F, VAN BEEK P, WALSH T. Handbook of constraint programming [M]. Amsterdam: Elsevier, 2006.

[3]   MACKWORTH A K, FREUDER E C. The complexity of some polynomial network consistency algorithms for constraint satisfaction problems [J]. Artificial Intelligence,1985, 25: 65-74.

[4]   EDWARD T. Foundations of constraint satisfaction [M]. London: Academic Press, 1993.

[5]   刘春晖. 基于约束传播的约束求解方法研究[D]. 长春：吉林大学，2008.

[6]   CHEN ZH L, WU L, XIE ZH. Similarity measurement of multi-holed regions using constraint satisfaction problem[J]. Geomatics and Information Science of Wuhan University, 2018, 43(5): 745-751.

[7]   LAKIN M R, PHILLIPS A. Automated analysis of tethered DNA nanostructures using constraint solving[J]. Natural Computing, 2018, 17(4): 709-722.

[8]   RUTISHAUSER U, SLOTINE J J, DOUGLAS R J. Solving constraint-satisfaction problems with distributed neocortical-like neuronal networks[J]. Neural Computation, 2018, 30(5): 1359-1393.

[9]   周志华. 机器学习[M]. 北京：清华大学出版社，2016.

[10]   王秦辉，陈恩红，王煦法. 分布式约束满足问题研究及其进展 [J]. 软件学报，2006，17(10)：2029-2039.

[11]   季晓慧，黄拙，张健. 约束求解与优化技术的结合 [J]. 计算机学报，2005，28 (11)：1790-1797.

[12]   LU R M, LIU SH, ZHANG J. Searching for doubly self-orthogonal latin squares [C]// In Proceedings of cp-2011, Perugia, 2011: 538-545.

[13]   XU K, LI W. Exact phase transitions in random constraint satisfaction problems [J]. Journal of Artificial Intelligence Research, 2000, 12(3): 93-103.

[14]   XU K, LI W. Many hard examples in exact phase transitions [J]. Theoretical Computer Science, 2006, 355(1): 291-302.

[15]   XU K, BOUSSEMART F, HEMERY F, et al. Random constraint satisfaction: easy generation of hard (satisfiable) instances [J]. Artificial Intelligence, 2007, 171(8-9): 514-534.

[16]   高健. 基于推理的约束满足问题求解算法研究 [D]. 长春：吉林大学，2008.

[17]   COHEN D, JEAVONS P, JONSSON P, et al. Building tractable disjunctive constraints [J]. Journal of the ACM, 2000, 47(5): 826-853.

[18]   DECHTER R. Constraint processing [M]. San Francisco: Morgan Kaufmann Publishers, 2003.

[19]   PROSSER P. Hybrid algorithms for the constraint satisfaction problems [J]. Computational Intelligence, 1993, 9(3): 268-299.

[20]   GINSBERG M L. Dynamic backtracking [J]. Artificial Intelligence, 1993(1): 25-46.

[21]   BALAFOUTIS T. Adaptive strategies for solving CSP [D]. Aegean: University of the Aegean, 2011.

[22]   BORRETT J E, TSANG E P K, WALSH N R. Adaptive constraint satisfaction [C]// In Proceedings of 15th UK Planning and Scheduling Special Interest Group Workshop, Liverpool, 1996: 1-8.

[23]   BORRETT J E, TSANG E P K. Adaptive constraint satisfaction: the quickest first principle [J]. Computational Intelligence: Collaboration, Fusion and Emergence, Intelligent Systems Reference Library, 2009, 1:203-230.

[24] EPSTEIN S L, FREUDER E C, WALLACE R, et al. The adaptive constraint engine [C]// In Proceedings of CP-2002, New York, 2002: 525-540.

[25] BOUSSEMART F, HEREMY F, LECOUTRE C, et al. Boosting systematic search by weighting constraints [C]// In Proceedings of ECAI-2004, Valencia, 2004: 482-486.

[26] GRIMES D, WALLACE R J. Sampling strategies and variable selection in weighted degree heuristics [C]// In Proceedings of CP-2007, Providence, 2007: 831-838.

[27] MEHTA D, VAN DONGEN M R C. Probabilistic consistency boosts MAC and SAC [C]// In Proceedings of IJCAI-2007, Hyderabad, 2007: 143-148.

[28] SAKKOUT E, WALLACE M, RICHARDS B. An instance of adaptive constraint propagation [C]// In Proceedings of CP-96, Cambridge 1996: 164-178.

[29] FREUDER E C, WALLACE R J. Selective relaxation for constraint satisfaction problems [C]// In Proceedings of the Third International IEEE Computer Society Conference on Tools for Artificial Intelligence, San Jose, 1991: 332-339.

[30] SCHULTE C, STUCKEY P. Speeding up constraint propagation [C]// In Proceedings of CP-2004, Toronto, 2004: 619-633.

[31] STERGIOU K. Heuristics for dynamically adapting propagation [C]// In Proceedings of ECAI-2008, Patras, 2008: 485-489.

[32] BALAFOUTIS T, STERGIOU K. Adaptive branching for constraint satisfaction problems [C]// In Proceedings of ECAI-2010, Lisbon, 2010: 855-860.

[33] STAMATATOS E, STERGIOU K. Learning how to propagate using random probing [C]// In Proceedings of CPAIOR-2009, Pittsburgh, 2009: 263-278.

[34] HAMADI Y, MONFROY E, SAUBION F. Special issue on autonomous search [J/OL]. Constraint Programming Letters 4(2008), URL http://www.constraint-programming-letters.org/(2008).

[35] HAMADI Y, MONFROY E, SAUBION F. What is autonomous search? [M]. New York: Springer, 2011.

[36] HAMADI Y, MONFROY E, SAUBION F. Autonomous search [M]. Amsterdam: Springer, 2012.

[37] HUTTER F, HOOS H H, LEYTON-BROWN K, et al. ParamILS: an automatic algorithm configuration framework [J]. Journal of Artificial Intelligence Research, 2009, 36(10): 267-306.

[38] MEHTA D, O' SULLIVAN B, QUESADA L. Value ordering for finding all solutions: interactions with adaptive variable ordering[C]// In Proceedings of CP-2011, Perugia, 2011: 606-620.

[39] YUN X, EPSTEIN S L. A hybrid paradigm for adaptive parallel search[C]// In Proceedings of CP-2012, Québec City, 2012: 720-734.

[40] BALAFREJ A, BESSIÈRE C, COLETTA R, et al. Adaptive parameterized consistency[C]// In Proceedings of CP-2013, Uppsala, 2013: 143-158.

[41] WOODWARD R J, SCHNEIDER A, CHOUEIRY B Y, et al. Adaptive parameterized consistency for non-binary CSPs by counting supports[C]// In Proceedings of CP-2014, Lyon, 2014: 755-764, 2014.

[42] BALAFREJ A, BESSIÈRE C, PAPARRIZOU A. Multi-armed bandits for adaptive constraint propagation[C]// In Proceedings of IJCAI-2015, Buenos Aires, 2015: 290-296.

[43] DAOUDI A, LAZAAR N, MECHQRANE Y, et al. Detecting types of variables for generalization in constraint acquisition[C]// In Proceedings of IEEE-ICTAI-2015, Vietrisul Mare, 2015: 413-420.

[44] BERG J, OIKARINEN E, JARVISALO M, et al. Minimum-width confidence bands via constraint

optimization[C]// In Proceedings of CP-2017, Melbourne, 2017: 443-459.

[45] CHABERT M, SOLNON C. Constraint programming for multi-criteria conceptual clustering[C]// In Proceedings of CP-2017, Melbourne, 2017: 460-476.

[46] GANJI M, BAILEY J, STUCKEY P J. A declarative approach to constrained community detection[C]// In Proceedings of CP-2017, Melbourne, 2017: 477-494.

[47] LATOUR A L D, BABAKI B, DRIES A, et al. Combining stochastic constraint optimization and probabilistic programming[C]// In Proceedings of CP-2017, Melbourne, 2017: 495-511.

[48] PICARD-CANTIN E, BOUCHARD M, QUIMPER C G, et al. Learning the parameters of global constraints using branch-and-bound[C]// In Proceedings of CP-2017, Melbourne, 2017: 512-528.

[49] SCHAUS P, AOGA J O R, GUNS T. CoverSize: a global constraint for frequency-based itemset mining[C]// In Proceedings of CP-2017, Melbourne, 2017: 529-546.

[50] AKGUN O, GENT I P, JEFFERSON C, et al. Automatic discovery and exploitation of promising subproblems for tabulation[C]// In Proceedings of CP-2018, Lille, 2018: 3-12.

[51] AKGUN O, MIGUEL I. Automatic generation and selection of streamlined constraint models via monte carlo search on a model lattice patrick spracklen[C]// In Proceedings of CP-2018 , Lille, 2018: 362-372.

[52] 姜英新, 孙吉贵. 约束满足问题求解及ILOG SOLVER系统简介[J]. 吉林大学学报（理学版）, 2002, 1(1): 53-60.

[53] SCHULTE C, LAGERKVIST M, TACK G. Gecode solver [EB/OL]. http://www.gecode.org, 2011.

[54] LABURTHE F, JUSSIEN N. Choco constraint programming system [EB/OL]. http://choco.sourceforge.net, 2003-2011.

[55] SUTHERLAND I E. SKETCHPAD: a man-machine graphical communications system [R]. Technical Report 296, MIT, Lincoln Laboratory, Jan. 1963.

[56] KUMAR V. Algorithms for constraint satisfaction problems: a survey [J]. AI Magazine, 1992, 13(1): 32-44.

[57] BARTÁK R. On-Line Guide to Constraint Programming [EB/OL]. http://ktiml.mff.cuni.cz/~bartak/constraints/, 1998.

[58] BITNER J R, REINGOLD E M. Backtrack programming techniques [J]. Communications of the ACM, 1975, 18(11): 651-656.

[59] FILLMORE J P, WILLIAMSON S G. On backtracking: a combinatorial description of the algorithm [J]. SIAM Journal on Computing, 1974, 3(1): 41-55.

[60] 陈尚伟. 基于Java的约束求解器的设计与实现 [D]. 长春：吉林大学，2005.

[61] 张居阳. 基于约束的现代调度系统研究 [D]. 长春：吉林大学，2006.

[62] JUSSIEN N, LHOMME O. Local search with constraint propagation and conflict-based heuristics [J]. Artificial Intelligence, 2002, 139: 21-45.

[63] FREUDER E C, DECHTER R, GINSBERG M L, et al. Systematic versus stochastic constraint satisfaction [C]// In Proceedings of IJCAI-1995, Montréal, 1995: 2027-2032.

[64] HARVEY W D, GINSBERG M L. Nonsystematic backtracking search [D]. California: Stanford University, 1995.

[65] 张健. 逻辑公式的可满足性判定：方法、工具及应用 [M]. 北京：科学出版社，2000.

[66] HARVEY W D, GINSBERG M L. Limited discrepancy search [C]// In Proceedings of the International Joint Conference on Artificial Intelligence, Eugene, 1995: 607-615.

[67] Intelligent Systems Laboratory [EB/OL]. Available at http://sicstus.sics.se/index.html, 2001-2013.

[68]　SCHULTE C, STUCKEY P J. Efficient constraint propagation engines [J]. ACM Transactions on Programming Languages and Systems, 2008, 31(1): Article 2, 1-43.

[69]　BALAFOUTIS T, PAPARRIZOU A, STERGIOU K. Experimental evaluation of branching schemes for the CSP [EB/OL]. In: CoRR, Vol. abs/1009.0407, 2010.

[70]　礼欣. 基于约束的调度系统的设计与实现 [D]. 长春：吉林大学，2004.

[71]　DAVIS M, PUTNAM H. A computing procedure for quantification theory [J]. Journal of the ACM, 1960, 7: 201-215.

[72]　MACKWORTH A K. Consistency in networks of relations [J]. Artificial Intelligence, 1977, 8(1): 99-118.

[73]　FARMER J D, PACKARD N H, PERELSON A S. The immune system [J]. Adaptation and Machine Leaning. Physica D, 1986, 22: 187-204.

[74]　DECHTER R. Bucket elimination: a unifying framework for reasoning [J]. Artificial Intelligence, 1999, 113: 41-85.

[75]　DECHTER R, PEARL J. Tree clustering for constraint networks [J]. Artificial Intelligence, 1989, 38: 353-366.

[76]　WALTZ D. Understanding Line Drawings of Scenes with Shadows[M]. New York: McGraw-Hill, pages 19-91, 1975.

[77]　MOHR R, HENDERSON T C. Arc and path consistency revisited [J]. Artificial Intelligence, 1986, 28: 225-233.

[78]　MACKWORTH A K. On reading sketch maps [C]// In Proceedings of IJCAI-1977, Cambridge, 1977: 598-606.

[79]　BESSIÈRE C. Arc consistency and arc consistency again [J]. Artificial Intelligence, 1994, 65: 179-190.

[80]　BESSIÈRE C, FREUDER E C. Using constraint metaknowledge to reduce arc consistency computation [J]. New Hampshire: University of New Hampshire, 1999.

[81]　BESSIÈRE C, RÉGIN J C. Refining the basic constraint propagation algorithm [C]// In Proceedings of IJCAI-2001, Seattle, 2001: 309-315.

[82]　BESSIÈRE C, RÉGIN J C, ROLAND H C, et al. An optimal coarse-grained arc consistency algorithm [J]. Artificial Intelligence, 2005, 165(2): 165-185.

[83]　MEHTA D, VAN DONGEN M R C. Reducing checks and revisions in coarse-grained MAC algorithms [C]// In Proceedings of IJCAI-2005, Edinburgh, 2005: 236-241.

[84]　LECOUTRE C, HEMERY F. A study of residual supports in arc consistency [C]// In Proceedings of IJCAI-2007, Hyderabad, 2007: 125-130.

[85]　朱兴军. 约束求解的推理技术研究 [D]. 长春：吉林大学，2009.

[86]　DEBRUYNE R AND BESSIÈRE C. Some practical filtering techniques for the constraint satisfaction problem [C]// In Proceedings of IJCAI-1997, Japan: Morgan Kaufmann, 1997: 412-417.

[87]　BARTÁK R, ERBEN R. A new algorithm for singleton arc consistency [C]// In Proceedings of FLAIRS Conference, 2004, Miami Beach, Florida, 2004: 257-262.

[88]　BESSIÈRE C, DEBRUYNE R. Optimal and suboptimal singleton arc consistency algorithms [C]// In Proceedings of IJCAI-2005, Edinburgh, 2005: 54-59.

[89]　LECOUTRE C, CARDON S. A greedy approach to establish singleton arc consistency [C]// In Proceedings of IJCAI-2005, Edinburgh, 2005: 199-204.

[90]　VAN DONGEN M R C. Beyond Singleton Arc Consistency [C]// In Proceedings of ECAI-2006, Trentino, 2006: 163-167.

[91]　BESSIÈRE C, DEBRUYNE R. Theoretical analysis of singleton arc consistency and its extensions [J] . Artificial

Intelligence, 2008, 172(1): 29-41.

[92]   MONTANARI U. Networks of constraints: fundamental properties and applications to picture processing [J]. Information Science, 1974, 7: 95-132.

[93]   HAN C C, LEE C H. Comments on mohr and Henderson's path consistency algorithm [J]. Artificial Intelligence, 1988, 36: 125-130.

[94]   SINGH M. Path consistency revisited [C]// In Proceedings of the Seventh International Conference on Tools with Artificial Intelligence, Herndon, 1995: 318-325.

[95]   CHMEISS A, JÉGOU P. Sur la consistance de chemin et ses formes partielles [C]// In Proceedings RFIA' 96, Rennes, 1996: 212-219.

[96]   CHMEISS A, JÉGOU P. Path-consistency: when space misses time [C]// In Proceedings of AAAI-96, Portland, 1996: 196-201.

[97]   CHMEISS A, JÉGOU P. Efficient path-consistency propagation [J]. International Journal on Artificial Intelligence Tools, 1998, 7(2): 121-142.

[98]   DEBRUYNE R, BESSIÈRE C. Domain filtering consistencies [J]. Journal of Artificial Intelligence Research, 2001, 14: 205-230.

[99]   BESSIÈRE C, STERGIOU K, WALSH T. Domain filtering consistencies for non-binary constraints [J]. Artificial Intelligence, 2008, 172(6-7): 800-822.

[100]   DEBRUYNE R, BESSIÈRE C. From restricted path consistency to max-restricted path consistency[C]// In Proceedings of CP-97, Schloss Hagenberg, 1997: 312-326.

[101]   GRANDONI F, ITALIANO G F. Improved algorithms for max-restricted path consistency [C]// In Proceedings of CP-2003, Kinsale, 2003: 858-862.

[102]   VION J, DEBRUYNE R. Light algorithms for maintaining Max-RPC during search [C]// In   Proceedings of SARA 2009, Lake Arrowhead, 2009: 167-174.

[103]   BALAFOUTIS T, PAPARRIZOU A, STERGIOU K, et al. Improving the performance of maxRPC [C]// In Proceedings of CP-2010, St Andrews, 2010: 69-83.

[104]   ROUSSEL O, LECOUTRE C. Xml representation of constraint networks: Format xcsp 2.1 [EB/OL]. In CoRR abs/0902.2362, 2009.

[105]   LONG D, FOX M. The third international planning competition [EB/OL]. http://www.cs.cmu.edu/afs/cs/project/ jair/pub/volume20/long03ahtml/node37.html, 2002.

[106]   ROADEF'2001: FAPP [EB/OL]. Available at http://uma.ensta.fr/conf/roadef-2001-challenge/.

[107]   CABON B, GIVRY S D, LOBJOIS L, et al. Radio link frequency assignment [J]. Constraints, 1999, 4(1): 79-89.

[108]   BESSIÈRE C, CHMEISS A, SAÏS L. Neighborhood-based variable ordering heuristics for the constraint satisfaction problem [C]// In Proceedings of CP-2001, LNCS 2239, Paphos, 2001: 565-569.

[109]   GOMES C P, SHMOYS D. Completing quasi-groups or latin squares: a structured graph coloring problem [C]// In Proceedings of Computational Symposium on Graph Coloring and Generalizations, New York, 2002: 1-18.

[110]   LABORIE P. Complete MCS-based search: application to resource constrained project scheduling [C]// In Proceedings of IJCAI-2005, Edinburgh, 2005: 181-186, 2005.

[111]   NUIJTEN W P M, AARTS E H L. A computational study of constraint satisfaction for multiple capacitated job shop scheduling [J]. European Journal of Operational Research, 1996, 90(2): 269-284.

[112]   ZHANG Y, YAP R H C. Making AC-3 an optimal algorithm [C]// In Proceedings of IJCAI-2001, Seattle, 2001:

316-321.

[113]　LECOUTRE C, BOUSSEMART F, HEMERY F. Backjump-based techniques versus conflict-directed heuristics [C]// 16th IEEE International Conference on Tools with Artificial Intelligence, Boca Raton, 2004: 549-557.

[114]　BACCHUS F. Extending forward checking [C]// In Proceedings of CP-2000, Singapore, 2000: 35-51.

[115]　SMITH B M, DYER M E. Locating the phase transition in binary constraint satisfaction problems [J]. Artificial Intelligence, 1996, 81(1-2): 155-181.

[116]　GENT I P, MACINTYRE E, PROSSER P, et al. Random constraint satisfaction: flaws and structure [J]. Constraints, 2001, 6(4): 345-372.

[117]　XU K, LI W. Many Hard Examples in Exact Phase Transitions with application to generating hard satisfiable instances [R].CoRR Report cs. CC/0302001, 2003.

[118]　XU K, BOUSSEMART F, HEMERY F, et al. A simple model to generate hard satisfiable instances [C]// In Proceedings of IJCAI-2005, Edinburgh, 2005: 337-342.

[119]　HARALICK R M, ELLIOTT G L. Increasing tree search efficiency for constraint satisfaction problems [J]. Artificial Intelligence, 1980, 14(3): 263-313.

[120]　KONDRAK G, VAN BEEK P. A theoretical evaluation of selected backtracking algorithms [J]. Artificial Intelligence, 1997, 89: 365-387.

[121]　SMOLKA G. The OZ programming model [C]// In Computer Science Today (LNCS 1000), 1995: 324-343.

[122]　PARK V. An empirical study of different branching strategies [D]. Ontario: University of Waterloo, 2004.

[123]　DINCBAS M, VAN HENTENRYCK P, SIMONIS H, et al. The constraint logic programming language CHIP [C]// In Proceedings of FGCS-88, Tokyo, 1988: 693-702.

[124]　HUTTER F, HOOS H H, LEYTON-BROWN K, et al. ParamILS: an automatic algorithm configuration framework [J]. Journal of Artificial Intelligence Research, 2009, 36: 267-306.

[125]　HAMADI Y, MONFROY E, SAUBION F. Autonomous search [M]. Berlin: Springer, 2012.

[126]　SMITH B M, GRANT S A. Trying harder to fail first [C]// In Proceedings of ECAI-1998, Brighton, 1998: 249-253.

[127]　LIKITVIVATANAVONG C, ZHANG Y L, BOWEN J, et al. Arc consistency during search [C]// In Proceedings of IJCAI-2007, Hyderabad, 2007: 137-142.

[128]　孙吉贵，高健，张永刚. 一个基于最小冲突修补的动态约束满足求解算法 [J]. 计算机研究与发展，2007，44(12)：2078-2084.

[129]　FROST D, DECHTER R. Look-ahead value ordering for constraint satisfaction problems [C]// In Proceedings of IJCAI-1995, Montréal, 1995: 572-578.

[130]　FROST D, DECHTER R. In search of the best constraint satisfaction search [C]// In Proceedings of the Twelfth National Conference on Artificial Intelligence, Seattle, 1994: 301-306.

[131]　GOMES C P, SELMAN B, CRATO N, et al. Heavy-tailed phenomena in satisfiability and constraint satisfaction problems [J]. Journal of Automated Reasoning, 2000, 24: 67-100.

[132]　DECHTER R, MEIRI I. Experimental evaluation of preprocessing techniques in constraint satisfaction problems [C]// In Proceedings of IJCAI-1989, Detroit, 1989: 271-277.

[133]　FREUDER E C. A sufficient condition for backtrack-free search [J]. Journal of the ACM, 1982, 29(1): 24-32.

[134]　BESSIÈRE C, REGIN J C, MAC and combined heuristics: two reasons to forsake FC (and CBJ?) on hard problems [C]// In Proceedings of CP-1996, Cambridge, 1996: 61-75.

[135]　BRÉLAZ D. New methods to color the vertices of a graph [J].Communications of the ACM, 1979, 22: 251-256.

[136]　SMITH B M. The brélaz heuristic and optimal static orderings [C]// In Proceedings of CP-1999, Alexandria, 1999: 405-418.

[137]　CORREIA M, BARAHONA P. On the integration of singleton consistency and look-ahead heuristics [C]// In Proceedings of the ERCIM workshop-CSCLP, Yvelines, 2007: 47-60.

[138]　CAMBAZARD H, JUSSIEN N. Identifying and exploiting problem structures using explanation-based constraint programming [J]. Constraints, 2006, 11: 295-313.

[139]　REFALO P. Impact-based search strategies for constraint programming [C]// In Proceedings of CP-2004, Toronto, 2004: 556-571.

[140]　WALLACE R J, GRIMES D. Experimental studies of variable selection strategies based on constraint weights [J]. Journal of Algorithms, 2008, 63(1-3): 114-129.

[141]　WALLACE R, FREUDER E. Ordering heuristics for arc consistency algorithms [C]// In Proceedings of AI/GI/VI, Vancouver,1992: 163-169, 1992.

[142]　BOUSSEMART F, HEMERY F, LECOUTRE C. Revision ordering heuristics for the constraint satisfaction problem [C]// In proceedings of CP-2004, Workshop on Constraint Propagation and Implementation, Toronto, 2004: 29-43.

[143]　DECHTER R, PEARL J. Network-based heuristics for constraint satisfaction problems [J]. Artificial Intelligence, 1988, 34: 1-38.

[144]　MEISELS A, SHIMONY S E, SOLOTOREVSKY G. Bayes networks for estimating the number of solutions to a CSP [C]// In Proceedings of AAAI-1997, Providence, 1997: 185-190.

[145]　VERNOOY M, HARVENS W S. An examination of probabilistic value-ordering heuristics [C]// In Proceedings of the Australian Joint Conference on Artificial Intelligence, Sydney, 1999: 340-352.

[146]　KASK K, DECHTER R, GOGATE V. Counting-based look-ahead schemes for constraint satisfaction [C]// In Proceedings of CP-2004, Toronto, 2004: 317-331.

[147]　GEELEN P A. Dual Viewpoint Heuristics for Binary Constraint Satisfaction Problems [C]// In Proceedings of ECAI-1992, Vienna, 1992: 31-35.

[148]　GINSBERG M L, FRANK M, HALPIN M P, et al. Search lessons learned from crossword puzzles [C]// In Proceedings of AAAI-1990, Boston,1990: 210-215.

[149]　ZANARINI A, PESANT G. Solution counting algorithms for constraint-centered search heuristics [C]// In Proceedings of CP-2007, Providence, 2007: 743-757.

[150]　MEHTA D, VON DONGEN M R C. Static value ordering heuristics for constraint satisfaction problems [C]// In Proceedings of CPAI-2005, Sitges, 2005: 65-78.

[151]　LECOUTRE C, SAIS L, TABARY S, et al. Nogood recording from restarts [C]// In Proceedings of IJCAI-2007, Hyderabad, 2007: 131-136.

[152]　BECK J C. Solution-guided multi-point constructive search for job shop scheduling [J]. Journal of Artificial Intelligence Research, 2007, 29: 49-77.

[153]　EPSTEIN S L, FREUDER E C, WALLACE R J. Learning to support constraint programmers [J].Computational Intelligence, 2005, 21: 337-371.

[154]　Steven Minton. Automatically Configuring Constraint Satisfaction Programs: A Case Study [J]. Constraints, 1996, 1: 7-44.

[155]　ZHANG ZH J, EPSTEIN S L. Learned value-ordering heuristics for constraint satisfaction [C]// In Proceedings of AAAI-2008, Chicago, 2008: 154-161.

[156]　GOMES C P, FERNÁNDEZ C, SELMAN B, et al. Statistical regimes across constrainedness regions [C]// In Proceedings of CP-2004, Toronto, 2004: 32-46.

[157]　WANG H Y, OUYANG D T, ZHANG Y G, et al. Novel adaptive branching constraint solving algorithm with look-ahead strategy[J]. Journal on Communications, 2013, 34(6), 102-107.（王海燕，欧阳丹彤，张永刚，等. 结合look-ahead值排序的自适应分支求解算法[J]. 通信学报，2013，34(6)，102-107.）

[158]　WANG H Y, OUYANG D T, ZHANG Y G, et al. Adaptive branching constraints solving with survivors-first learning value ordering heuristics[J]. Journal of Jilin University (Engineering and Technology Edition), 2013, 43(6), 1615-1620.（王海燕，欧阳丹彤，张永刚，等. 结合Survivors-first学习型值排序的自适应分支求解[J]. 吉林大学学报（工学版），2013，43(6)，1615-1620.）

[159]　HUFFMAN D A. Impossible objects as nonsense sentences [M]. UK: Edinburgh Univ. Press, 1971.

[160]　CLOWES M B. On seeing things [J]. Artificial Intelligence, 1971, 2: 79-116.

[161]　MACKWORTH A K. Interpreting pictures of polyhedral scenes [J]. Artificial Intelligence, 1973, 4: 121-137.

[162]　FREUDER E C. Synthesizing constraint expressions [J]. Comm. ACM, 1978, 21: 958-966.

[163]　王海燕，郭劲松，欧阳丹彤，等. 基于比特位操作的自适应约束传播算法 [J].吉林大学学报（工学版），2012, 42(5)：1219-1224.

[164]　LECOUTRE C, VION J. Enforcing arc consistency using bitwise operations [J]. Constraint Programming Letters, 2008, 2: 21-35.

[165]　GUO J S, LI ZH SH. MaxRPC algorithms based on bitwise operations [C]// In Proceedings of CP-2011, Perugia, 2011: 373-384.

[166]　BESSIÈRE C, CARDON S, DEBRUYNE R, et al. Efficient algorithms for singleton arc consistency [J]. Constraints, 2011, 16(1): 25-53.

[167]　王海燕，欧阳丹彤，张永刚，等. 基于AC与LmaxRPC的自适应约束传播求解算法[J]. 湖南大学学报（自然科学版）. 2013，40(07)：86-91.

[168]　BEZDEK J C. Pattern recognition with fuzzy objective function algorithms [M]. New York and London: Plenum Press, 1981.

[169]　范明，孟小峰. 数据挖掘：概念与技术 [M]. 3版. 机械工业出版社，2012.

[170]　JAIN A K, DUBES R C. Algorithms for clustering data[M]. Upper Saddle River:Prentice Hall, Englewood Cliffs, 1988.

[171]　HANSEN P, JAUMARD B. Cluster analysis and mathematical programming[J]. Mathematical Programming, 1997, 79: 191-215.

[172]　梁亚声. 数据挖掘原理、算法与应用[M]. 北京：机械工业出版社，2015.

[173]　XU R, WUNSCH D Ⅱ. Survey of clustering algorithm[J]. IEEE Transactions on Neural Networks, 2005, 16(3): 645-678.

[174]　JAIN A K, MURTY M N, FLYNN P J. Data clustering: a review[J].Acm Computing Surveys, 1999, 31(3): 264-323.

[175]　王菲菲. K-means聚类算法的改进研究及应用[D]. 兰州：兰州交通大学，2017.

[176]　成卫青，卢艳红. 一种基于最大最小距离和SSE的自适应聚类算法[J]. 南京邮电大学学报（自然科学版），2015，35(2)：102-107.

[177] 蒋丽，薛善良. 优化初始聚类中心及确定K值的K-means算法[J]. 计算机与数字工程，2018，46(1)：21-24.

[178] 周爱武，崔丹丹，潘勇. 一种优化初始聚类中心的K-means聚类算法[J]. 微型机与应用，2011，30(13)：1-3.

[179] GU L. A novel locality sensitive K-means clustering algorithm based on subtractive clustering[C]// Proceedings of the 7th IEEE International Conference on Software Engineering and Service Science(ICSESS) 2016. Beijing, 2016: 836-839.

[180] 鲍雷. 混合遗传聚类算法在客户细分中的应用研究[D].广州：暨南大学，2011.

[181] ARTHUR A, VASSILVITSKII S. K-means++: the advantages of careful seeding[C]// Proceedings of the eighteenth annual ACM-SIAM symposium on Discrete algorithms, 2007. Philadelphia, 2007: 1027-1035.

[182] 张亚洲，于正声. 基于 K-means++聚类的视频摘要生成算法[J]. 工业控制计算机，2017，30(7)：129-130.

[183] 陈万志，徐东升，张静，等. 结合优化支持向量机与K-means++的工控系统入侵检测方法[J]. 计算机应用，2019. 39(4)：1089-1094.

[184] 余秀雅，刘东平，杨军. 基于 K-means++的无线传感网分簇算法研究[J]. 计算机应用研究，2017，34(1)：181-185.

[185] 王海燕，崔文超，许佩迪，等. 一种局部概率引导的优化K-means++算法[J]. 吉林大学学报（理学版），2019，57(6)：1431-1436.

[186] 王建仁，马鑫，段刚龙. 改进的K-means聚类k值选择算法[J]. 计算机工程与应用，2019，55(8)：27-33.

[187] 李振东，钟勇，张博言，等.基于深度特征聚类的海量人脸图像检索[J].哈尔滨工业大学学报，2018，50(11)：101-109.

[188] 孟佳伟，孙红. 基于Hadoop平台的K-means算法优化综述[J]. 软件导刊，2017，16(6)：208-211.

[189] 赵庆. 基于Hadoop平台下的Canopy-Kmeans高效算法[J]. 电子科技，2014，27(2)：29-31.

[190] HAN J W, KAMBER M. 数据挖掘：概念与技术[M]. 3版. 范明，孟小峰，译. 北京：机械工业出版社，2007.

[191] 张俊生. 数据挖掘中的聚类方法及其应用研究[D]. 天津：天津理工大学，2012.

[192] 张素洁，赵怀慈. 最优聚类个数和初始聚类中心点选取算法研究[J]. 计算机应用研究，2017，36(6)：1617-1620.

[193] 樊哲. Mahout算法解析和案例实战[M]. 北京：机械工业出版社，2014.

[194] 李翔，朱全银. Adaboost算法改进BP神经网络预测研究[J]. 计算机工程与科学，2013，35(8)：96-102.

[195] 梁雨. 快速降维算法研究[D]. 南京：南京大学，2018.